高等数学教程

下册

主　编　洪明理　任晴晴
副主编　张鹤翔　靳志同

清华大学出版社
北京交通大学出版社
·北京·

内 容 简 介

本书是根据教育部颁布的高等院校数学课程教学的基本要求,并从新工科建设要求和应用型人才培养出发,结合编者多年的课程建设和教学经验编写的一本适合理工科专业的教材。

本书共 5 章,内容主要包括空间解析几何、多元函数微分法及其应用、重积分、曲线积分与曲面积分、无穷级数,同时,编者结合专业特色,加入高等数学在地震学相关知识中的应用。

本书可作为普通高等院校非数学专业的本科教材,也可以供相关教师和工程技术人员参考。

本书封面贴有清华大学出版社防伪标签,无标签者不得销售。
版权所有,侵权必究。侵权举报电话:010-62782989 13501256678 13801310933

图书在版编目(**CIP**)数据

高等数学教程. 下册 / 洪明理,任晴晴主编. —北京:北京交通大学出版社 :清华大学出版社,2024.6

ISBN 978-7-5121-5127-7

Ⅰ. ① 高… Ⅱ. ① 洪… ② 任… Ⅲ. ① 高等数学-高等学校-教材 Ⅳ. ① O13

中国国家版本馆 CIP 数据核字(2024)第 000535 号

高等数学教程·下册
GAODENG SHUXUE JIAOCHENG·XIA CE

责任编辑:韩素华
出版发行: 清华大学出版社 邮编:100084 电话:010-62776969
      北京交通大学出版社 邮编:100044 电话:010-51686414
印 刷 者:北京时代华都印刷有限公司
经 销:全国新华书店
开   本:185 mm×260 mm 印张:8.5 字数:214 千字
版 印 次:2024 年 6 月第 1 版 2024 年 6 月第 1 次印刷
印   数:1~1 000 册 定价:29.00 元

本书如有质量问题,请向北京交通大学出版社质监组反映。对您的意见和批评,我们表示欢迎和感谢。
投诉电话:010-51686043,51686008;传真:010-62225406;E-mail:press@bjtu.edu.cn。

前　言

　　高等数学是高等教育课程体系中的一门重要的基础理论课，本书是按照教育部颁布的高等院校数学课程教学的基本要求，为普通高等教育理工类相关专业编写的一本高等数学教材。同时，编者结合专业特色，加入高等数学在地震学相关知识中的应用，以达到让学生在分析专业问题时具有一定的分析和推理能力的目的。

　　本书旨在培养学生抽象思维和逻辑思维能力，以及分析并解决问题的能力，为学生进一步学习后续课程打下扎实的基础。本书在编写过程中加入了很多几何图形，能够帮助学生理解相关数学概念，同时加入了很多地震学相关知识，有助于学生将数学知识与专业知识有机结合在一起，这是编者的创新之处。

　　本书由洪明理、任晴晴担任主编，张鹤翔、靳志同担任副主编。其中，第 7 章由张鹤翔编写，第 8 章由任晴晴编写，第 9、10 章及各章中高等数学在地震学中的应用由靳志同编写，第 11 章由洪明理编写。王福昌教授和赵宜宾教授等同事对本书内容的撰写和内容安排给予了指导和帮助，万永革研究员对书中有关地震学知识进行了指导和帮助，在此一并感谢！

　　由于编者水平有限，书中难免有不妥之处，恳请专家、同行和广大读者批评指正。

编　者

2024 年 4 月

目 录

第7章 空间解析几何 ························ 151
  7.1 向量 ································· 151
  7.2 平面及其方程 ······················· 155
  7.3 空间直线方程 ······················· 157
  7.4 曲面及其方程 ······················· 160
  7.5 空间曲线及其方程 ·················· 165
  7.6 知识拓展 ···························· 167
  本章习题 ································ 169

第8章 多元函数微分法及其应用 ············ 171
  8.1 多元函数的基本概念 ··············· 171
  8.2 偏导数 ······························· 177
  8.3 全微分及其应用 ····················· 181
  8.4 多元复合函数的求导法则 ·········· 183
  8.5 隐函数的求导法则 ·················· 186
  8.6 多元函数微分学的几何应用 ······· 189
  8.7 方向导数与梯度 ····················· 193
  8.8 多元函数的极值及其求法 ·········· 198
  8.9 知识拓展 ···························· 204
  本章习题 ································ 204

第9章 重积分 ······························· 206
  9.1 二重积分的概念与性质 ············ 206
  9.2 二重积分的计算方法 ··············· 208
  9.3 三重积分 ···························· 210
  9.4 重积分的应用 ······················· 215
  9.5 知识拓展 ···························· 218
  本章习题 ································ 219

第10章 曲线积分与曲面积分 ··············· 221
  10.1 对弧长的曲线积分 ················ 221
  10.2 对坐标的曲线积分 ················ 225
  10.3 格林公式 ··························· 228
  10.4 对面积的曲面积分 ················ 234

10.5　对坐标的曲面积分 ··· 236
10.6　高斯公式、通量与散度 ··· 240
10.7　斯托克斯公式、环流量、旋度 ··································· 243
10.8　知识拓展 ··· 245
本章习题 ··· 246

第 11 章　无穷级数　　　　　　　　　　　　　　　　　　　**248**
11.1　常数项级数的概念和性质 ··· 248
11.2　常数项级数的审敛法 ··· 251
11.3　幂级数 ··· 256
11.4　函数展开成幂级数 ·· 261
11.5　傅里叶级数 ··· 267
11.6　周期为 $2l$ 的周期函数的傅里叶级数 ·························· 274
本章习题 ··· 275

参考文献 ··· **277**

第7章 空间解析几何

7.1 向 量

本节先回顾向量代数的有关基础知识，为进一步研究空间中直线、曲线、平面、曲面等问题做准备.

7.1.1 向量的概念及坐标表示

既有大小又有方向的量称为向量，一般记为 $\boldsymbol{a}$ 或 $\vec{a}$. 向量的大小叫作向量的模，记为 $|\boldsymbol{a}|$ 或 $|\vec{a}|$. 模为 1 的向量叫作单位向量，模为零的向量叫作零向量，零向量的方向是任意的. 由于向量的共性是它们都有大小和方向，所以在数学上只研究与起点无关的向量，并称这种向量为自由向量，简称向量.

两个非零向量如果它们的方向相同或相反，就称这两个向量平行. 向量 $\boldsymbol{a}$ 与 $\boldsymbol{b}$ 平行，记作 $\boldsymbol{a} /\!/ \boldsymbol{b}$. 零向量被认为是与任何向量都平行的. 当两个平行向量的起点放在同一点时，它们的终点和公共的起点在一条直线上，因此，两向量平行又称两向量共线.

非零向量 $\boldsymbol{a}$ 与 $\boldsymbol{b}$ 所形成的不超过 π 的角 φ（$0 \leqslant \varphi \leqslant \pi$）称为向量 $\boldsymbol{a}$ 与 $\boldsymbol{b}$ 的夹角（见图 7-1），记作 $\widehat{(\boldsymbol{a},\boldsymbol{b})}$ 或 $\widehat{(\boldsymbol{b},\boldsymbol{a})}$. 当 $\widehat{(\boldsymbol{a},\boldsymbol{b})} = \dfrac{\pi}{2}$ 时，称这两个向量垂直，记作 $\boldsymbol{a} \perp \boldsymbol{b}$.

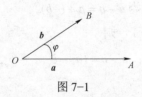

图 7-1

中学阶段我们学习了空间直角坐标系，并在此基础上建立了空间中点（或向量）与 3 个有序数 x、y、z（称为点的坐标）之间的对应关系，例如，设向量 $\boldsymbol{a}$ 的起点为 $A(x_1, y_1, z_1)$，终点为 $B(x_2, y_2, z_2)$，则向量 $\boldsymbol{a}$ 可表示为

$$\boldsymbol{a} = \overrightarrow{AB} = (x_2 - x_1)\boldsymbol{i} + (y_2 - y_1)\boldsymbol{j} + (z_2 - z_1)\boldsymbol{k} = (x_2 - x_1, y_2 - y_1, z_2 - z_1) = (a_x, a_y, a_z).$$

其中，$a_x = x_2 - x_1$，$a_y = y_2 - y_1$，$a_z = z_2 - z_1$ 分别称为向量 $\boldsymbol{a}$ 在 x 轴、y 轴、z 轴上的投影，而向量的模 $|\boldsymbol{a}| = \sqrt{a_x^2 + a_y^2 + a_z^2}$.

特别地，起点在坐标原点 O，终点为 $M(x, y, z)$ 的向量 $\boldsymbol{r}$ 表示为

$$\boldsymbol{r} = \overrightarrow{OM} = x\boldsymbol{i} + y\boldsymbol{j} + z\boldsymbol{k} = (x, y, z),$$

又称为向径.

非零向量 a 与 3 条坐标轴的夹角 α、β、γ 称为向量 a 的方向角（见图 7-2），方向角的余弦 $\cos\alpha$、$\cos\beta$、$\cos\gamma$ 称为向量 a 的方向余弦.

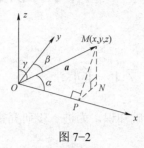

图 7-2

设 $a=(a_x,a_y,a_z)$，则 a 的方向余弦分别为 $\cos\alpha=\dfrac{a_x}{|a|}$，$\cos\beta=\dfrac{a_y}{|a|}$，$\cos\gamma=\dfrac{a_z}{|a|}$.

由于 $\cos^2\alpha+\cos^2\beta+\cos^2\gamma=1$，则 $a°=(\cos\alpha,\cos\beta,\cos\gamma)$ 是与向量 a 同方向的单位向量.

7.1.2 向量的线性运算

设有两个向量 a 与 b，平移向量使 b 的起点与 a 的终点重合，此时从 a 的起点到 b 的终点的向量 c 称为向量 a 与 b 的和，记作 $a+b$，即 $c=a+b$（见图 7-3）.

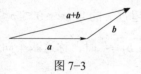

图 7-3

两个向量 a 与 b 的差 $a-b$ 定义为 $a-b=a+(-b)$.

设 $a=(a_x,a_y,a_z)$，$b=(b_x,b_y,b_z)$，则

$$a+b=(a_x+b_x,a_y+b_y,a_z+b_z)\ ;\quad a-b=(a_x-b_x,a_y-b_y,a_z-b_z).$$

向量运算符合下列运算规律：

(1) 交换律：$a+b=b+a$；

(2) 结合律：$(a+b)+c=a+(b+c)$；

(3) 不等式性：$|a+b|\leqslant|a|+|b|$ 及 $|a-b|\leqslant|a|+|b|$.

定义 7-1 已知向量 a 和实数 λ，则定义 λa 为向量 a 与实数 λ 的乘积. 它表示一个新的向量，并规定：

(1) $|\lambda a|=|\lambda||a|$；

(2) 当 $\lambda>0$ 时，λa 与 a 方向相同；当 $\lambda<0$ 时，λa 与 a 方向相反；当 $\lambda=0$ 时，λa 为零向量.

设 $a=(a_x,a_y,a_z)$，则 $\lambda a=(\lambda a_x,\lambda a_y,\lambda a_z)$. 特别地，向量 $a°=\dfrac{1}{|a|}a$ 是与向量 a 同方向的单

位向量.

运算符合下列运算规律：

（1）结合律：$\lambda(\mu a) = \mu(\lambda a) = (\lambda\mu)a$；

（2）分配律：$(\lambda + \mu)a = \lambda a + \mu a$；$\lambda(a + b) = \lambda a + \lambda b$.

例 7-1 设 $m = 2i + 3j - 7k$，$n = 2i - 4j - 7k$，$p = 5i + j - 4k$，求向量 $a = 4m + 3n - p$.

解 $a = 4m + 3n - p = 4(2i + 3j - 7k) + 3(2i - 4j - 7k) - (5i + j - 4k) = 9i - j - 45k$.

例 7-2 已知两点 $M_1(1,2,-\sqrt{2})$、$M_2(2,3,0)$，计算向量 $\overrightarrow{M_1M_2}$ 的模、方向余弦、方向角.

解 因为 $\overrightarrow{M_1M_2} = (1,1,\sqrt{2})$，$|\overrightarrow{M_1M_2}| = \sqrt{1^2 + 1^2 + (\sqrt{2})^2} = 2$，所以，

$\cos\alpha = \dfrac{1}{2}$，$\cos\beta = \dfrac{1}{2}$，$\cos\gamma = \dfrac{\sqrt{2}}{2}$，则 $\alpha = \dfrac{\pi}{3}$，$\beta = \dfrac{\pi}{3}$，$\gamma = \dfrac{\pi}{4}$.

7.1.3 向量的数量积

定义 7-2 已知 a 和 b 两个向量及两个向量的夹角 $\theta = \widehat{(a,b)}$，则 $|a|$、$|b|$ 与 $\cos\theta$ 的乘积叫作向量 a 与 b 的数量积（或内积、点积），记作 $a \cdot b$，即 $a \cdot b = |a||b|\cos\theta$.

设 $a = (a_x, a_y, a_z)$，$b = (b_x, b_y, b_z)$，则 $a \cdot b = a_x b_x + a_y b_y + a_z b_z$.

数量积满足下列性质：

（1）$a \cdot a = |a|^2$；（2）$a \perp b \Leftrightarrow a \cdot b = 0$；（3）$|a \cdot b| \leqslant |a||b|$.

数量积符合下列运算规律：

（1）交换律：$a \cdot b = b \cdot a$；

（2）分配律：$(a + b) \cdot c = a \cdot c + b \cdot c$；

（3）数量积的结合律：$(\lambda a) \cdot b = \lambda(a \cdot b) = a \cdot (\lambda b)$（$\lambda$ 为常数）.

经过分析可以得出以下常用结论：

（1）非零向量 a 与 b 平行（$a \parallel b$）$\Leftrightarrow$ 存在唯一的实数 λ，使 $a = \lambda b$

$$\Leftrightarrow \dfrac{a_x}{b_x} = \dfrac{a_y}{b_y} = \dfrac{a_z}{b_z} \ (b \neq 0).$$

（2）非零向量 a 与 b 垂直（$a \perp b$）$\Leftrightarrow a \cdot b = 0 \Leftrightarrow a_x b_x + a_y b_y + a_z b_z = 0$.

（3）当 a、b 是非零向量时，两个向量的夹角余弦

$$\cos\widehat{(a,b)} = \dfrac{a \cdot b}{|a||b|} = \dfrac{a_x b_x + a_y b_y + a_z b_z}{\sqrt{a_x^2 + a_y^2 + a_z^2} \cdot \sqrt{b_x^2 + b_y^2 + b_z^2}}.$$

7.1.4 向量的向量积

定义 7-3 由向量 a 和 b 可以做出一个新的向量 c，它满足下列两个条件：

（1）$|c|=|a||b|\sin\theta$，其中 $\theta=\widehat{(a,b)}$；

（2）c 的方向与 a 和 b 都垂直，并且与 a、b、c 符合右手法则（见图 7-4），则称向量 c 为 a 与 b 的向量积（或外积、叉积），记作 $a\times b$，即

$$c=a\times b, \quad |a\times b|=|a||b|\sin\theta.$$

以向量 $a=\overrightarrow{AB}$ 和 $b=\overrightarrow{AC}$ 为邻边构造一个平行四边形（见图 7-5），则平行四边形的面积为 $S_{\square}=|a\times b|=|a||b|\sin\theta$.

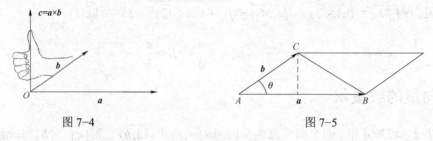

图 7-4　　　　　　　　　　　图 7-5

向量积满足下列性质：

（1）$a\times a=0$；（2）两个非零向量 $a\parallel b$ 的充分必要条件是 $a\times b=0$.

向量积符合下列运算规律：

（1）反交换律：$b\times a=-a\times b$；

（2）分配律：$(a+b)\times c=a\times c+b\times c$；

（3）结合律：$(\lambda a)\times b=a\times(\lambda b)=\lambda(a\times b)$（$\lambda$ 为实数）.

设 $a=a_x i+a_y j+a_z k$，$b=b_x i+b_y j+b_z k$，按上述运算规律得

$$\begin{aligned}a\times b&=(a_x i+a_y j+a_z k)\times(b_x i+b_y j+b_z k)\\&=a_x b_x(i\times i)+a_x b_y(i\times j)+a_x b_z(i\times k)+\\&\quad a_y b_x(j\times i)+a_y b_y(j\times j)+a_y b_z(j\times k)+\\&\quad a_z b_x(k\times i)+a_z b_y(k\times j)+a_z b_z(k\times k)\end{aligned}$$

由于　　　　　　　　$i\times i=j\times j=k\times k=0$，

$$i\times j=k, \ j\times k=i, \ k\times i=j,$$
$$j\times i=-k, \ k\times j=-i, \ i\times k=-j,$$

所以　　　　$a\times b=(a_y b_z-a_z b_y)i-(a_x b_z-a_z b_x)j+(a_x b_y-a_y b_x)k$.

即

$$a\times b=\begin{vmatrix}i&j&k\\a_x&a_y&a_z\\b_x&b_y&b_z\end{vmatrix}.$$

例 7-3　设 $a=6i+j-2k$，$b=5i+2j-3k$. 求：（1）$a\cdot b$ 及 $a\times b$；（2）$(-3a)\cdot 2b$ 及 $2a\times 5b$；

（3）a 与 b 夹角的余弦.

解 （1）$a \cdot b = 6 \times 5 + 1 \times 2 + (-2) \times (-3) = 38$，$a \times b = \begin{vmatrix} i & j & k \\ 6 & 1 & -2 \\ 5 & 2 & -3 \end{vmatrix} = i + 8j + 7k$.

（2）$(-3a) \cdot 2b = -6a \cdot b = -228$，

$2a \times 5b = 10 a \times b = 10(i + 8j + 7k) = 10i + 80j + 70k$.

（3）$\cos(\widehat{a,b}) = \dfrac{a \cdot b}{|a||b|} = \dfrac{38}{\sqrt{41}\sqrt{38}} = \sqrt{\dfrac{38}{41}}$.

7.2 平面及其方程

本节将以向量为工具谈论空间中的平面及其方程.

7.2.1 平面的点法式方程

给定平面 Π，则与 Π 垂直的直线称为平面的法线，与法线平行的非零向量称为平面的法向量.

如果已知平面 Π 上一点 $M_0(x_0, y_0, z_0)$ 和它的一个法向量 $\boldsymbol{n} = (A, B, C)$，设 $M(x, y, z)$ 是平面 Π 上的任意一点（见图 7-6），那么向量 $\overrightarrow{M_0M}$ 必与平面 Π 的法向量 $\boldsymbol{n}$ 垂直，则它们的数量积等于零，即 $\boldsymbol{n} \cdot \overrightarrow{M_0M} = 0$.

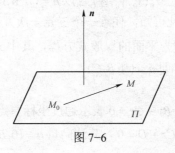

图 7-6

由于 $\boldsymbol{n} = (A, B, C)$，$\overrightarrow{M_0M} = (x - x_0, y - y_0, z - z_0)$，所以有

$$A(x - x_0) + B(y - y_0) + C(z - z_0) = 0.$$

这就是平面 Π 上任意一点 M 的坐标 (x, y, z) 所满足的方程.

反过来，如果 $M(x, y, z)$ 不在平面 Π 上，那么向量 $\overrightarrow{M_0M}$ 与法向量 $\boldsymbol{n}$ 不垂直，从而 $\boldsymbol{n} \cdot \overrightarrow{M_0M} \neq 0$，即不在平面 Π 上的点 M 的坐标 (x, y, z) 不满足方程，这个方程称为平面的点法式方程.

例 7-4 求过点 $M_1(2, -1, 4)$、$M_2(-1, 3, -2)$、$M_3(0, 2, 3)$ 的平面方程.

解 $\overrightarrow{M_1M_2} = (-3, 4, -6)$，$\overrightarrow{M_1M_3} = (-2, 3, -1)$，则

$$\boldsymbol{n} = \overrightarrow{M_1M_2} \times \overrightarrow{M_1M_3} = \begin{vmatrix} \boldsymbol{i} & \boldsymbol{j} & \boldsymbol{k} \\ -3 & 4 & -6 \\ -2 & 3 & -1 \end{vmatrix} = (14\boldsymbol{i} + 9\boldsymbol{j} - \boldsymbol{k}).$$

平面的点法式方程为：$14(x-2) + 9(y+1) - (z-4) = 0$，即 $14x + 9y - z - 15 = 0$.

7.2.2 平面的一般式方程

已知过点 $M_0(x_0, y_0, z_0)$ 且以 $\boldsymbol{n} = (A, B, C)$ 为法向量的平面点法式方程为

$$A(x - x_0) + B(y - y_0) + C(z - z_0) = 0,$$

令 $D = -Ax_0 - By_0 - Cz_0$，整理得

$$Ax + By + Cz + D = 0.$$

所以，任意一个平面都可以用三元一次方程来表示.

反过来，设有三元一次方程

$$Ax + By + Cz + D = 0. \tag{7-1}$$

任取满足该方程的一组数 x_0、y_0、z_0，则

$$Ax_0 + By_0 + Cz_0 + D = 0. \tag{7-2}$$

式（7-1）减去式（7-2）得

$$A(x - x_0) + B(y - y_0) + C(z - z_0) = 0. \tag{7-3}$$

显然，方程（7-3）是通过点 $M_0(x_0, y_0, z_0)$ 且以 $\boldsymbol{n} = (A, B, C)$ 为法向量的平面方程. 又方程（7-1）与方程（7-3）同解. 由此可知，任意一个三元一次方程都表示一个平面.

方程 $Ax + By + Cz + D = 0$ 称为平面的一般式方程，其中 x、y、z 的系数 A、B、C 就是该平面的一个法向量的坐标，即 $\boldsymbol{n} = (A, B, C)$.

几种特殊平面的方程：

（1）当 $D = 0$ 时，方程 $Ax + By + Cz = 0$ 表示通过坐标原点的平面；

（2）当 $A = 0$ 时，方程 $By + Cz + D = 0$，其法向量 $\boldsymbol{n} = (0, B, C)$ 垂直于 x 轴，所以该方程表示平行于 x 轴的平面.

同样，方程 $Ax + Cz + D = 0$ 和 $Ax + By + D = 0$ 分别表示平行于 y 轴和 z 轴的平面.

（3）当 $A = B = 0$ 时，方程 $Cz + D = 0$ 或 $z = -\dfrac{D}{C}$，其法向量 $\boldsymbol{n} = (0, 0, c)$ 同时垂直于 x 轴和 y 轴，所以该方程表示平行于 xOy 面的平面. 同样，方程 $Ax + D = 0$ 和 $By + D = 0$ 分别表示平行于 yOz 面和 xOz 面的平面.

7.2.3 两个平面的夹角

两个平面法向量的夹角称为平面的夹角，并规定它们的夹角 θ 满足 $0 \leqslant \theta \leqslant \dfrac{\pi}{2}$.

设平面 Π_1、Π_2 的法向量依次为 $\boldsymbol{n}_1=(A_1,B_1,C_1)$ 和 $\boldsymbol{n}_2=(A_2,B_2,C_2)$，那么平面 Π_1 与 Π_2 的夹角余弦 $\cos\theta=|\cos(\widehat{\boldsymbol{n}_1,\boldsymbol{n}_2})|$ 为

$$\cos\theta=\frac{|A_1A_2+B_1B_2+C_1C_2|}{\sqrt{A_1^2+B_1^2+C_1^2}\cdot\sqrt{A_2^2+B_2^2+C_2^2}}.$$

从向量垂直、平行的充分必要条件可得下列结论：

（1）平面 Π_1、Π_2 垂直的充分必要条件是：$A_1A_2+B_1B_2+C_1C_2=0$；

（2）平面 Π_1、Π_2 平行或重合的充分必要条件是：$\dfrac{A_1}{A_2}=\dfrac{B_1}{B_2}=\dfrac{C_1}{C_2}$.

设 $P_0(x_0,y_0,z_0)$ 是平面 Π：$Ax+By+Cz+D=0$ 外一点，则点 P_0 到平面 Π 的距离为

$$d=\frac{|Ax_0+By_0+Cz_0+D|}{\sqrt{A^2+B^2+C^2}}.$$

例 7-5 设一平面过原点及点 $(6,-3,2)$，且与平面 $4x-y+2z=8$ 垂直，求此平面的方程.

解 设所求平面为 Π：$Ax+By+Cz+D=0$，则其法向量 $\boldsymbol{n}=(A,B,C)$，Π 过原点，故 $D=0$，Π 过点 $(6,-3,2)$，则 $6A-3B+2C=0$；又因为两平面垂直，故 $\boldsymbol{n}\perp(4,-1,2)$，则 $4A-B+2C=0$；联立解方程，得 $A=B=-\dfrac{2}{3}C$.

因为 A、B、C 不全为零，知 A、B、C 均不为零，可取 $A=B=2$，$C=-3$，所求平面 Π 为：$2x+2y-3z=0$.

7.3 空间直线方程

本节将以向量为工具谈论空间中的平面及其方程.

7.3.1 空间直线的一般式方程

空间直线 L 可以看作是两个平面的交线. 设两个相交平面 Π_1 和 Π_2 的方程分别为 $A_1x+B_1y+C_1z+D_1=0$ 和 $A_2x+B_2y+C_2z+D_2=0$，那么方程组

$$\begin{cases}A_1x+B_1y+C_1z+D_1=0\\ A_2x+B_2y+C_2z+D_2=0\end{cases}$$

叫作空间直线的一般式方程.

7.3.2 空间直线的对称式方程与参数方程

给定一条直线 L，则与 L 平行的任意一个非零向量叫作这条直线的方向向量（见图 7-7）.

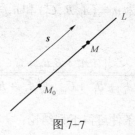

图 7-7

如果已知直线 L 上一点 $M_0(x_0, y_0, z_0)$ 和它的一个方向向量 $\boldsymbol{s} = (m, n, p)$，设点 $M(x, y, z)$ 是直线 L 上的任意一点（见图 7-7），那么向量 $\overrightarrow{M_0M}$ 与 L 的方向向量 $\boldsymbol{s}$ 平行，所以两向量的坐标对应成比例. 由于 $\overrightarrow{M_0M} = (x - x_0, y - y_0, z - z_0)$，$\boldsymbol{s} = (m, n, p)$，从而有

$$\frac{x - x_0}{m} = \frac{y - y_0}{n} = \frac{z - z_0}{p}.$$

这就是直线 L 上的任意一点 M 的坐标 (x, y, z) 所满足的方程.

反过来，如果点 M 不在直线 L 上，那么 $\overrightarrow{M_0M}$ 与 $\boldsymbol{s}$ 不平行，两向量的坐标对应不成比例，即不在直线 L 上的点 M 的坐标 (x, y, z) 不满足方程，这个方程称为直线的对称式或点向式方程，其中，m、n、p 叫作直线的一组方向数.

特别地，如果方向数 m、n、p 中有一个为零，例如，$m = 0$，则直线方程等价于

$$\begin{cases} x - x_0 = 0 \\ \dfrac{y - y_0}{n} = \dfrac{z - z_0}{p} \end{cases}.$$

如果方向数 m、n、p 中有两个为零，例如，$m = 0$，$n = 0$，则直线方程为 $\begin{cases} x - x_0 = 0 \\ y - y_0 = 0 \end{cases}$.

若在直线的对称式方程中，令 $\dfrac{x - x_0}{m} = \dfrac{y - y_0}{n} = \dfrac{z - z_0}{p} = t$，则

$$\begin{cases} x = x_0 + mt \\ y = y_0 + nt \\ z = z_0 + pt \end{cases}$$

称为直线的参数方程.

例 7-6 用对称式方程及参数方程表示直线 $\begin{cases} x - 2y + z = 1 \\ 2x + y + z = 4 \end{cases}.$

解 平面 $x - 2y + z = 1$ 和 $2x + y + z = 4$ 的法向量分别为 $\boldsymbol{n}_1 = (1, -2, 1)$，$\boldsymbol{n}_2 = (2, 1, 1)$，所求直线的方向向量为：$\boldsymbol{l} = \boldsymbol{n}_1 \times \boldsymbol{n}_2 = \begin{vmatrix} \boldsymbol{i} & \boldsymbol{j} & \boldsymbol{k} \\ 1 & -2 & 1 \\ 2 & 1 & 1 \end{vmatrix} = -3\boldsymbol{i} + \boldsymbol{j} + 5\boldsymbol{k}$.

在方程组 $\begin{cases} x-2y+z=1 \\ 2x+y+z=4 \end{cases}$ 中，令 $y=0$，得 $\begin{cases} x+z=1 \\ 2x+z=4 \end{cases}$，解得 $x=3$，$z=-2$. 于是点 $(3,0,-2)$ 为所求直线上的点.

所求直线的对称式方程为 $\dfrac{x-3}{-3} = \dfrac{y}{1} = \dfrac{z+2}{5}$，参数方程为 $\begin{cases} x = 3-3t \\ y = t \\ z = -2+5t \end{cases}$.

7.3.3 两直线的夹角

两条直线方向向量的夹角叫作两直线的夹角，并规定它们的夹角 φ 满足 $0 \leqslant \varphi \leqslant \dfrac{\pi}{2}$.

设直线 L_1、L_2 的方向向量分别为 $\boldsymbol{s}_1 = (m_1, n_1, p_1)$ 和 $\boldsymbol{s}_2 = (m_2, n_2, p_2)$，那么 L_1 和 L_2 的夹角 φ 的余弦 $\cos\varphi = |\cos(\widehat{\boldsymbol{s}_1, \boldsymbol{s}_2})|$ 为：$\cos\varphi = \dfrac{|m_1 m_2 + n_1 n_2 + p_1 p_2|}{\sqrt{m_1^2 + n_1^2 + p_1^2} \cdot \sqrt{m_2^2 + n_2^2 + p_2^2}}$.

从向量垂直、平行的充分必要条件可得下列结论：

（1）两直线 L_1 与 L_2 垂直的充分必要条件是：$m_1 m_2 + n_1 n_2 + p_1 p_2 = 0$；

（2）两直线 L_1 与 L_2 平行或重合的充分必要条件是：$\dfrac{m_1}{m_2} = \dfrac{n_1}{n_2} = \dfrac{p_1}{p_2}$.

例 7-7 求直线 L_1：$\dfrac{x-3}{-7} = \dfrac{y}{1} = \dfrac{z+2}{-1}$ 与直线 L_2：$\begin{cases} 2x+2y-z+1=0 \\ 3x+5y+z-10=0 \end{cases}$ 的夹角的余弦.

解 两直线的方向向量分别为

$$\boldsymbol{s}_1 = (-7, 1, -1), \quad \boldsymbol{s}_2 = \begin{vmatrix} \boldsymbol{i} & \boldsymbol{j} & \boldsymbol{k} \\ 2 & 2 & -1 \\ 3 & 5 & 1 \end{vmatrix} = (7\boldsymbol{i} - 5\boldsymbol{j} + 4\boldsymbol{k}),$$

故两直线之间夹角的余弦为

$$|\cos(\widehat{\boldsymbol{s}_1, \boldsymbol{s}_2})| = \dfrac{|\boldsymbol{s}_1 \cdot \boldsymbol{s}_1|}{|\boldsymbol{s}_1| \cdot |\boldsymbol{s}_1|} = \dfrac{|(-7) \times 7 + 1 \times (-5) + (-1) \times 4|}{\sqrt{(-7)^2 + 1^2 + (-1)^2} \sqrt{7^2 + (-5)^2 + 4^2}} = \dfrac{58}{\sqrt{51}\sqrt{90}} = \dfrac{58}{3\sqrt{510}}.$$

7.3.4 直线与平面的夹角

当直线与平面不垂直时，直线和它在平面上的投影直线的夹角 φ（$0 \leqslant \varphi < \dfrac{\pi}{2}$）称为直线与平面的夹角（见图 7-8）. 当直线与平面垂直时，规定直线与平面的夹角为 $\dfrac{\pi}{2}$.

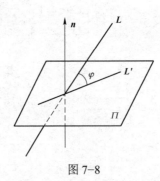

图 7-8

设直线 L 的方向向量为 $s=(m,n,p)$，平面 Π 的法向量为 $n=(A,B,C)$，那么直线与平面的夹角 $\varphi=\left|\dfrac{\pi}{2}\pm(\widehat{s,n})\right|$. 由于 $\sin\varphi=\left|\cos(\widehat{s,n})\right|$，所以坐标表示式为

$$\sin\varphi=\dfrac{|s\cdot n|}{|s||n|}=\dfrac{|Am+Bn+Cp|}{\sqrt{A^2+B^2+C^2}\cdot\sqrt{m^2+n^2+p^2}}.$$

从上式可得下列结论：

（1）直线 L 与平面 Π 垂直的充分必要条件是：$\dfrac{A}{m}=\dfrac{B}{n}=\dfrac{C}{p}$；

（2）直线 L 与平面 Π 平行的充分必要条件是：$Am+Bn+Cp=0$.

例 7-8 求过点 $M_0(1,2,-1)$ 且与直线 $L:\dfrac{x+2}{-2}=\dfrac{y-1}{1}=\dfrac{z}{-1}$ 垂直相交的直线方程.

解 过点 $M_0(1,2,-1)$ 且与直线 L 垂直的平面为：$-2(x-1)+(y-2)-(z+1)=0$. 将直线 L 化为参数方程 $\begin{cases}x=-2t-2\\y=t+1\\z=-t\end{cases}$，代入此平面方程，得 $t=-\dfrac{2}{3}$，从而交点坐标为 $\left(-\dfrac{2}{3},\dfrac{1}{3},\dfrac{2}{3}\right)$，所求直线的方向向量为 $\left(-\dfrac{5}{3},-\dfrac{5}{3},\dfrac{5}{3}\right)$，化简为 $(1,1,-1)$，因此所求直线方程为

$$\dfrac{x+\dfrac{2}{3}}{1}=\dfrac{y-\dfrac{1}{3}}{1}=\dfrac{z-\dfrac{2}{3}}{-1}.$$

7.4 曲面及其方程

在前面讨论了空间中的平面与直线，它们是曲面与曲线的特殊情况. 本节及下一节将讨论空间的一般曲面和曲线及它们的方程.

7.4.1 曲面方程的概念

如果曲面 S 与三元方程

$$F(x,y,z)=0$$

有下述关系：

（1）曲面 S 上任一点的坐标都满足方程；

（2）不在曲面 S 上的点的坐标都不满足方程，那么，方程就叫作曲面 S 的方程，而曲面 S 就叫作方程的图形（见图7-9）.

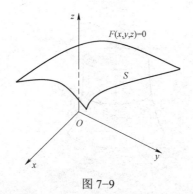

图 7-9

在空间解析几何中关于曲面的研究，有下面两个基本问题：

（1）已知曲面 S 作为点的几何轨迹时，建立该曲面的方程；

（2）已知坐标 x、y 和 z 之间的方程 $F(x,y,z)=0$，研究该方程所表示的曲面形状.

建立球面的方程：设动点 $M(x,y,z)$ 到定点 $M_0(x_0,y_0,z_0)$ 距离恒等于常数 R，那么，动点 M 的运动轨迹是中心在原点 M_0、半径为 R 的球面（见图7-10），该球面方程为

$$(x-x_0)^2 + (y-y_0)^2 + (z-z_0)^2 = R^2.$$

其中，$M_0(x_0,y_0,z_0)$ 为球心，R 为半径.

特别地，如果球心在坐标原点，即 $x_0=y_0=z_0=0$，则球面方程为 $x^2+y^2+z^2=R^2$.

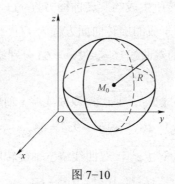

图 7-10

例 7-9 方程 $x^2+y^2+z^2-2x+4y=0$ 表示怎样的曲面？

解 通过配方，原方程可以改写成：$(x-1)^2+(y+2)^2+z^2=5$，这是一个球面方程，球心在点 $M_0(1,-2,0)$、半径为 $R=\sqrt{5}$.

7.4.2 旋转曲面

定义 7-4 由一条曲线 C 绕一固定直线 l 旋转一周所生成的曲面叫作旋转曲面. 旋转曲

线 C 叫作旋转曲面的母线,固定直线 l 叫作旋转曲面的旋转轴. 例如,球面、圆柱面及圆锥面等都是旋转曲面.

设在 yOz 坐标面上有一条已知曲线 C:$f(y,z)=0$,将这条曲线绕 z 轴旋转一周,就得到一个以 z 轴为旋转轴的旋转曲面(见图 7-11). 建立方程如下.

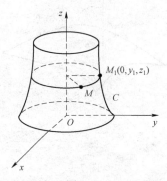

图 7-11

设 $M(x,y,z)$ 是所求旋转曲面 S 上的任一点,那么点 M 必定是由曲线 C 上的某一点 $M_1(0,y_1,z_1)$ 绕 z 轴旋转得到的,这时 $z=z_1$ 保持不变,而点 M 到 z 轴的距离 $d=\sqrt{x^2+y^2}=|y_1|$,于是,点 M_1 与 M 的坐标之间有下列关系 $y_1=\pm\sqrt{x^2+y^2}$,$z_1=z$. 又因为 M_1 在曲线 C 上,所以 $f(y_1,z_1)=0$,由此得

$$f(\pm\sqrt{x^2+y^2},z)=0,$$

这就是所求旋转曲面的方程.

根据所求旋转曲面方程可以看出,只要将曲线方程 $f(y,z)=0$ 中的变量 y 改成 $\pm\sqrt{x^2+y^2}$,便得到曲线 $f(y,z)=0$ 绕 z 轴旋转所生成的旋转曲面方程 $f(\pm\sqrt{x^2+y^2},z)=0$.

同理,曲线 C 绕 y 轴旋转所生成的旋转曲面方程为 $f(y,\pm\sqrt{x^2+z^2})=0$.

例 7-10 将 xOy 坐标面上的双曲线 $16x^2-9y^2=64$ 分别绕 x 轴及 y 轴旋转一周,求所生成的旋转曲面的方程.

解 将双曲线方程中的 y 换成 $\pm\sqrt{y^2+z^2}$,双曲线绕 x 轴旋转所得的旋转曲面的方程为

$$16x^2-9y^2-9z^2=64.$$

将双曲线方程中的 x 换成 $\pm\sqrt{x^2+z^2}$,双曲线绕 y 轴旋转所得的旋转曲面的方程为

$$16x^2+16z^2-9y^2=64.$$

7.4.3 柱面

定义 7-5 平行于定直线并沿定曲线 C 移动的直线 L 所形成的曲面叫作柱面. 定曲线 C 叫作柱面的准线,动直线 L 叫作柱面的母线(见图 7-12).

例如,在空间中,方程 $x^2+y^2=R^2$ 表示以 z 轴为轴线的正圆柱面. 它的准线是 xOy 平面上的圆 $x^2+y^2=R^2$,母线与 z 轴平行(见图 7-13).

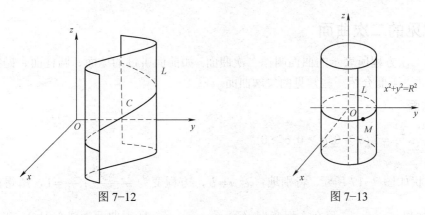

图 7-12   图 7-13

又如，方程 $y = 2x^2$ 表示母线平行于 z 轴的柱面，它的准线是 xOy 面上的抛物线 $y = 2x^2$，该柱面叫作抛物柱面（见图 7-14）. 方程 $x - y = 0$ 表示母线平行于 z 轴的柱面，其准线是 xOy 面上的直线 $x - y = 0$，它是过 z 轴的平面（见图 7-15）.

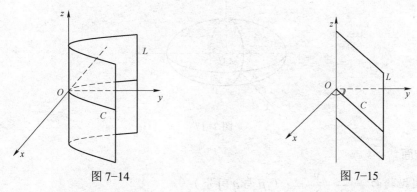

图 7-14   图 7-15

从上述例子可以看出，不含变量 z 的方程 $F(x, y) = 0$ 在空间中表示母线平行于 z 轴的柱面，其准线是 xOy 面上的曲线 C：$F(x, y) = 0$.

类似地，方程 $G(x, z) = 0$（不含变量 y）在空间中表示母线平行于 y 轴的柱面. 方程 $H(y, z) = 0$（不含变量 x）在空间中表示母线平行于 x 轴的柱面.

例如，方程 $\dfrac{x^2}{4} + \dfrac{z^2}{9} = 1$ 表示母线平行于 y 轴的椭圆柱面，其准线是 zOx 面上的椭圆 $\dfrac{x^2}{4} + \dfrac{z^2}{9} = 1$（见图 7-16）.

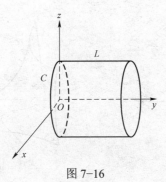

图 7-16

7.4.4 常见的二次曲面

由三元二次方程所表示的曲面叫作二次曲面. 如前面讲过的球面、圆柱面、抛物柱面等都是二次曲面. 下面介绍一些常见的二次曲面.

1. 椭球面

$$\frac{x^2}{a^2}+\frac{y^2}{b^2}+\frac{z^2}{c^2}=1 \ (a>0, b>0, c>0)$$

它的形状如图 7-17 所示. 特别地，若 $a=b$，方程变为 $\frac{x^2+y^2}{a^2}+\frac{z^2}{c^2}=1$，所得曲面为旋转椭球面. 如果 $a=b=c$，那么方程变为 $x^2+y^2+z^2=a^2$，所得曲面为球心为 O、半径为 a 的球面.

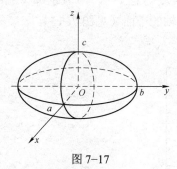

图 7-17

2. 抛物面

1）椭圆抛物面 $\dfrac{x^2}{2p}+\dfrac{y^2}{2q}=z$ （p 与 q 同号）

当 $p>0$，$q>0$ 时，它的形状如图 7-18 所示. 如果 $p=q>0$，那么方程变为 $\dfrac{x^2}{2p}+\dfrac{y^2}{2p}=z$，所得曲面为旋转抛物面.

2）双曲抛物面（鞍形曲面）$-\dfrac{x^2}{2p}+\dfrac{y^2}{2q}=z$ （p 与 q 同号）

当 $p>0$，$q>0$ 时，它的形状如图 7-19 所示.

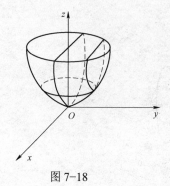

图 7-18

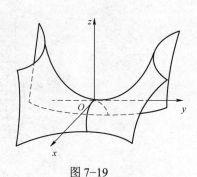

图 7-19

3. 双曲面

1）单叶双曲面 $\dfrac{x^2}{a^2}+\dfrac{y^2}{b^2}-\dfrac{z^2}{c^2}=1$

它的形状如图 7-20 所示. 如果 $a=b$，那么方程变为 $\dfrac{x^2+y^2}{a^2}-\dfrac{z^2}{c^2}=1$，所得曲面为旋转曲面.

2）双叶双曲面 $-\dfrac{x^2}{a^2}+\dfrac{y^2}{b^2}-\dfrac{z^2}{c^2}=1$

它的形状如图 7-21 所示. 如果 $a=c$，那么方程变为 $-\dfrac{x^2+z^2}{a^2}+\dfrac{y^2}{b^2}=1$，所得曲面为旋转曲面.

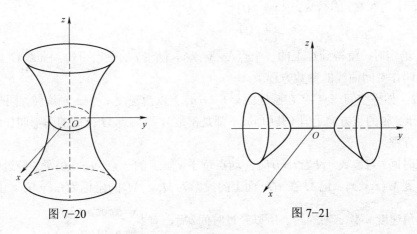

图 7-20　　　　　　　　图 7-21

7.5　空间曲线及其方程

7.5.1　空间曲线的一般式方程

空间曲线也可以看作是两个曲面的交线.

设两个曲面的方程分别为 $F(x,y,z)=0$ 和 $G(x,y,z)=0$，它们的交线为 C（见图 7-22），

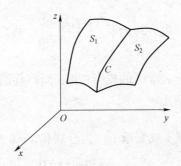

图 7-22

则方程组 $\begin{cases} F(x,y,z) = 0 \\ G(x,y,z) = 0 \end{cases}$ 就是这两个曲面的交线 C 的方程，也叫作空间曲线 C 的一般式方程.

例 7-11 方程组 $\begin{cases} x^2+y^2=1 & (1) \\ 2x+3z=6 & (2) \end{cases}$ 表示怎样的曲线.

解 方程（1）表示母线平行于 z 轴的圆柱面，其准线是 xOy 面上的圆，圆心在原点 O，半径为 1. 方程（2）表示一个平面. 方程组就表示上述平面与圆柱面的交线.

7.5.2 空间曲线的参数方程

与平面曲线的参数方程类似，空间曲线 C 也可以用参数形式表示，只要将 C 上动点的坐标 x、y、z 表示为参数 t 的函数：$\begin{cases} x = x(t) \\ y = y(t) \\ z = z(t) \end{cases}$.

当 $t = t_1$ 给定时，就得到 C 上的一个点 (x_1, y_1, z_1)，随着 t 的变动可得到曲线 C 上的全部点. 上述方程组叫作空间曲线的参数方程.

例 7-12 如果空间一点 M 在圆柱面 $x^2+y^2=a^2$ 上以角速度 ω 绕 z 轴旋转，同时又以线速度 v 沿平行于 z 轴的正方向上升（其中 ω、v 都是常数），那么点 M 构成的图形叫作螺旋线. 试建立其参数方程.

解 取时间 t 为参数. 设当 $t = 0$ 时，动点位于 x 轴上的一点 $A(a,0,0)$ 处. 经过时间 t，动点由 A 运动到 $M(x,y,z)$. 记 M 在 xOy 面上的投影为 M_1，M_1 的坐标为 $(x,y,0)$，由于动点在圆柱面上以角速度 ω 绕 z 轴旋转，所以经过时间 t 后，有 $\begin{cases} x = a\cos\omega t \\ y = a\sin\omega t \end{cases}$

由于动点同时以线速度 v 沿平行于 z 轴的正方向上升，所以 $z = vt$. 因此，螺旋线的参数方程为 $\begin{cases} x = a\cos\omega t \\ y = a\sin\omega t \\ z = vt \end{cases}$.

7.5.3 空间曲线在坐标面上的投影

一般地，设空间曲线 C 的一般方程为 $\begin{cases} F(x,y,z) = 0 \\ G(x,y,z) = 0 \end{cases}$. 从方程组中消去变量 z 后所得的方程 $H(x,y) = 0$，就是曲线 C 关于 xOy 面的投影柱面. 而方程组 $\begin{cases} H(x,y) = 0 \\ z = 0 \end{cases}$ 是空间曲线 C 在 xOy 面上的投影曲线.

同理，消去方程组中的变量 x 或变量 y，再分别和 $x = 0$ 或 $y = 0$ 联立，就可得到空间曲线 C 在 yOz 面或 zOx 面上的投影曲线方程：$\begin{cases} R(y,z) = 0 \\ x = 0 \end{cases}$ 或 $\begin{cases} T(x,z) = 0 \\ y = 0 \end{cases}$.

例 7-13 求曲线 C: $\begin{cases} x^2 + y^2 + z^2 = 1 & (1) \\ x^2 + (y-1)^2 + (z-1)^2 = 3 & (2) \end{cases}$ 在 xOy 面上的投影.

解 消去方程组中的变量 z，（1）-（2）得：$2(y+z)=0$，即
$$z = -y \qquad (3)$$

将（3）代入（1）得：$x^2 + 2y^2 = 1$. 故曲线 C 在 xOy 面上的投影为：$\begin{cases} x^2 + 2y^2 = 1 \\ z = 0 \end{cases}$.

7.6 知识拓展

7.6.1 平面图形——圆环

地球内部的速度分布

为了更为直观地显示地球模型，揭示地球内部的速度分布（圆环），图 7-23 给出了初步地球参考模型给出的 P 波速度分布和 S 波速度分布.

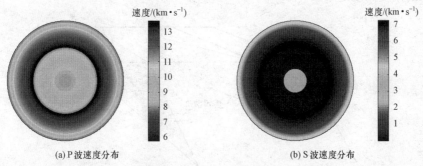

图 7-23 初步地球参考模型给出的 P 波速度分布和 S 波速度分布

7.6.2 旋转曲面

候风地动仪

公元 132 年，我国东汉科学家张衡设计并制造了候风地动仪（见图 7-24）.

根据史书记载，公元 134 年 12 月 13 日，在洛阳检测到一次发生在陇西的地震. 这是人类第一次用仪器检测到远处发生的地震.

这时的地震仪实际上是验震器，即用于指示地震发生的装置，不可能像现代地震仪一样记录地震所引起的地面震动过程.

尽管如此，候风地动仪仍是一项值得中国人骄傲的伟大发明，它不但表现了古代灿烂的科学文明，在通信极为困难的当时，如果能检测出远处发生了大地震，对组织赈灾，减轻地震造成的灾害和社会动乱，无疑也是很有意义的.

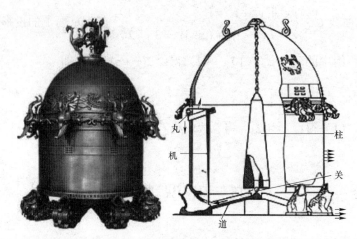

图 7-24　复原的公元 132 年我国东汉科学家张衡设计制造的候风地动仪

7.6.3　空间平面

断层面参数

断层面由它的走向角（φ，断层与水平地表面交线相对于方向北的角度）、倾角（δ，相对于水平面的角度）规定（图 7-25）．

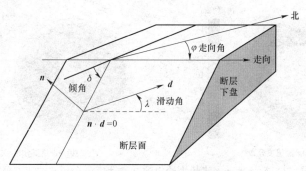

图 7-25　断层面走向和倾角及滑动矢量示意图

对于非垂直的断层，断层面之上的叫作上盘，之下的叫作下盘．

滑动矢量按上盘相对于下盘的运动来定义．滑动角 λ 是滑动矢量和走向之间的夹角．上盘向上运动的断层叫作逆断层（thrust fault），反之，上盘向下运动的断层叫作正断层（normal fault）．

倾角小于 45°的逆断层也叫作**冲断层**，近于水平的冲断层叫作**逆掩断层**．

一般来说，逆断层包含有垂直于走向方向上的水平压缩，而正断层则有水平拉张．断层面之间的水平运动叫作**走滑**（strike slip），垂直运动叫作**倾滑**（dip slip）．如果站在断层一边的观测者看到邻近的块体向右运动，叫作**右旋走滑运动**（与此相反，为**左旋走滑运动**）．为了定义垂直断层的倾伏，规定沿走向方向看，上盘在观测者的右边，此时，对左旋断层有 $\lambda=0°$，对右旋断层有 $\lambda=180°$．

走向角（$0°\leqslant\varphi<360°$）、倾角（$0°\leqslant\delta\leqslant90°$）、滑动角（$0°\leqslant\lambda<360°$）和滑动矢量的大小 D 规定了断层的最基本的地震模型或地震的震源机制．

7.6.4 向量的夹角——地球表面震源震中距的计算

已知经纬度的球面两点之间的距离，如果一点为震源，另一点为接收地震波的台站，则这两点的距离为震中距.

将地球视为规则的球体，球半径为 R，以球心为原点建立空间直角坐标系. 将经度记为 φ，地心纬度记为 θ（这里地心纬度 θ 为矢径与 xOy 面的夹角，而不是数学上定义的与 z 轴的夹角），根据球面坐标和直角坐标的变换关系有

$$\begin{cases} x = R\cos\varphi\sin\theta \\ y = R\sin\varphi\sin\theta \\ z = R\cos\theta \end{cases}.$$

将震中位置记作 A，经纬度为 (φ_1, θ_1)，台站位置记作 B，经纬度为 (φ_2, θ_2)，A、B 两点在直角坐标系中可表示为

$$A(R\cos\varphi_1\sin\theta_1, R\sin\varphi_1\sin\theta_1, R\cos\theta_1), B(R\cos\varphi_2\sin\theta_2, R\sin\varphi_2\sin\theta_2, R\cos\theta_2).$$

以原点 O 指向点 A 的向量记作 $\boldsymbol{a}$，指向点 B 的向量记作 $\boldsymbol{b}$，则两个矢量之间的夹角即为震中距，它可以表示为

$$\cos\Delta = \frac{\boldsymbol{a} \cdot \boldsymbol{b}}{|\boldsymbol{a}||\boldsymbol{b}|}.$$

代入 A 点和 B 点的坐标矢量得到

$$\cos\Delta = \frac{R^2(\cos\varphi_1\sin\theta_1\cos\varphi_2\sin\theta_2 + \sin\varphi_1\sin\theta_1\sin\varphi_2\sin\theta_2 + \cos\theta_1\cos\theta_2)}{R\sqrt{(\cos\varphi_1\sin\theta_1)^2 + (\sin\varphi_1\sin\theta_1)^2 + \cos^2\theta_1} \cdot R\sqrt{(\cos\varphi_2\sin\theta_2)^2 + (\sin\varphi_2\sin\theta_2)^2 + \cos^2\theta_2}}.$$

由于上式中分母的两个根号的值为 1，上式可以化简为

$$\begin{aligned}\cos\Delta &= \cos\varphi_1\sin\theta_1\cos\varphi_2\sin\theta_2 + \sin\varphi_1\sin\theta_1\sin\varphi_2\sin\theta_2 + \cos\theta_1\cos\theta_2 \\ &= \sin\theta_1\sin\theta_2(\cos\varphi_1\cos\varphi_2 + \sin\varphi_1\sin\varphi_2) + \cos\theta_1\cos\theta_2 \\ &= \sin\theta_1\sin\theta_2\cos(\varphi_1 - \varphi_2) + \cos\theta_1\cos\theta_2.\end{aligned}$$

这就是两点之间震中距的计算公式.

本 章 习 题

1. 选择题

（1）向量 $\boldsymbol{a} = (1,1,-4)$ 与向量 $\boldsymbol{b} = (1,-2,2)$ 的夹角为（　　）.

  A. 0 B. $\dfrac{\pi}{4}$

  C. $\dfrac{3\pi}{4}$ D. $-\dfrac{3\pi}{4}$

(2) 直线 $L_1: \begin{cases} x+2y-z=7 \\ -2x+y+z=7 \end{cases}$ 与 $L_2: \begin{cases} 3x+6y-3z=8 \\ 2x-y-z=0 \end{cases}$ 的关系是（　　）.

  A. $L_1 \perp L_2$ B. L_1 与 L_2 相交但不一定垂直

  C. $L_1 // L_2$ D. L_1 与 L_2 是异面直线

(3) 曲线 $l: \begin{cases} \dfrac{x^2}{16}+\dfrac{y^2}{4}-\dfrac{z^2}{5}=1 \\ x-2z+3=0 \end{cases}$ 在 xOy 面上的投影柱面的方程是（　　）.

  A. $x^2+20y^2-24x-116=0$ B. $4y^2+4z^2-12z-7=0$

  C. $\begin{cases} x^2+20y^2-24x-116=0 \\ z=0 \end{cases}$ D. $\begin{cases} 4y^2+4z^2-12z-7=0 \\ z=0 \end{cases}$

(4) 方程 $\begin{cases} \dfrac{x^2}{4}+\dfrac{y^2}{9}=1 \\ y=2 \end{cases}$ 在空间解析几何中表示（　　）.

  A. 椭圆柱面   B. 椭圆曲线   C. 两个平行面   D. 两条平行线

(5) 设直线 $L: \begin{cases} x+3y+2z+1=0 \\ 2x-y-10z+3=0 \end{cases}$ 及平面 $\Pi: 4x-2y+z-2=0$，则 L（　　）.

  A. 平行于 Π B. 在 Π 上   C. 垂直于 Π D. 与 Π 斜交

2. 填空题

(1) 设向量 $\boldsymbol{a}=(2,1,0)$，$\boldsymbol{b}=(3,0,-1)$，$\boldsymbol{c}=\boldsymbol{b}-\lambda\boldsymbol{a}$，$\lambda\in\mathbf{R}$，若 $\boldsymbol{c}\perp\boldsymbol{b}$，则 λ 为_____.

(2) 由 3 个点 $M_1(1,2,3)$、$M_2(3,4,5)$ 和 $M_3(2,4,7)$ 所围成的三角形的面积为_____.

(3) 已知 $|\boldsymbol{a}|=2$，$|\boldsymbol{b}|=\sqrt{2}$，且 $\boldsymbol{a}\cdot\boldsymbol{b}=2$，则 $|\boldsymbol{a}\times\boldsymbol{b}|=$ _____.

(4) 过点 $(-2,3,1)$ 且平行于直线 $\dfrac{x-1}{3}=\dfrac{y}{2}=\dfrac{z+2}{1}$ 的直线方程为_____.

(5) 将 zOx 坐标面上直线 $x=z$ 绕 z 轴旋转的旋转曲面方程为_____.

3. 计算题

(1) 求过点 $M_1(1,1,2)$、$M_2(3,2,3)$、$M_3(2,0,3)$ 的平面方程.

(2) 求曲面 $x^2+y^2+z^2=9$ 与平面 $x+z=1$ 的交线在 xOy 面上的投影方程.

(3) 求过点 $(1,2,3)$ 且与平面 $4x+5y+6z=1$ 垂直的直线方程.

(4) 求从原点到直线 $\dfrac{x-2}{2}=\dfrac{y-1}{3}=\dfrac{z-3}{1}$ 的垂线方程.

第 8 章　多元函数微分法及其应用

8.1　多元函数的基本概念

8.1.1　平面点集与 n 维空间

1. 平面点集

由平面解析几何知道，当在平面上引入一个直角坐标系后，平面上的点 P 与有序二元实数组 (x,y) 之间就建立了一一对应关系. 于是，把有序实数组 (x,y) 与平面上的点 P 视作是等同的. 这种建立了坐标系的平面称为坐标平面. 二元有序实数组 (x,y) 的全体，即 $\mathbf{R}^2=\mathbf{R}\times\mathbf{R}=\{(x,y)|x,y\in\mathbf{R}\}$ 就表示坐标平面.

坐标平面上具有某种性质的点的集合，称为平面点集，记作 $E=\{(x,y)|(x,y)$ 具有性质 $P\}$.

通常，点集的表示方法有枚举法和描述法.

例如，所有自然数的集合可以表示为 $\mathbf{N}=\{0,1,2,\cdots\}$.

平面上以原点为中心、r 为半径的圆内所有点的集合可以表示为 $C=\{(x,y)|x^2+y^2<r^2\}$.

如果以点 P 表示点 (x,y)，以 $|OP|$ 表示点 P 到原点 O 的距离，那么上述集合 C 也可以表示为 $C=\{P||OP|<r\}$.

2. 平面邻域

设 $P_0(x_0,y_0)$ 是 xOy 平面上的一个点，δ 是某一正数. 与点 $P_0(x_0,y_0)$ 距离小于 δ 的点 $P(x,y)$ 的全体，称为点 P_0 的 δ 邻域，记为 $U(P_0,\delta)$，即

$$U(P_0,\delta)=\{P||PP_0|<\delta\}=\{(x,y)|\sqrt{(x-x_0)^2+(y-y_0)^2}<\delta\}.$$

邻域的几何意义：$U(P_0,\delta)$ 表示 xOy 平面上以点 $P_0(x_0,y_0)$ 为中心、$\delta>0$ 为半径的圆的内部的点 $P(x,y)$ 的全体（见图 8-1）.

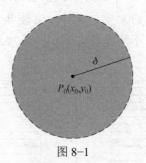

图 8-1

不包含中心点 P_0 的邻域，称为点 P_0 的去心 δ 邻域，记作 $\overset{\circ}{U}(P_0,\delta)$，即

$$\overset{\circ}{U}(P_0, \delta) = \{P \mid 0 < |P_0P| < \delta\} = \{(x,y) \mid 0 < \sqrt{(x-x_0)^2 + (y-y_0)^2} < \delta\}.$$

注 如果不需要强调邻域的半径 δ，则点 P_0 的某个邻域记作 $U(P_0)$，点 P_0 的去心邻域记作 $\overset{\circ}{U}(P_0)$.

3. 区域

设 E 是平面 $\mathbf{R}^2$ 的一个子集，P 是 $\mathbf{R}^2$ 中的一个点，有以下定义.

内点： 如果存在点 P 的某一邻域 $U(P)$，使得 $U(P) \subset E$，则称 P 为 E 的内点，如图 8-2 中的点 P_1.

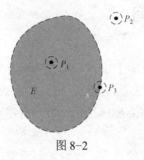

图 8-2

开集： 如果点集 E 内的任意一点 P 都是 E 的内点，则称 E 为开集.

外点： 如果存在点 P 的某个邻域 $U(P)$，使得 $U(P) \cap E = \varnothing$，则称 P 为 E 的外点，如图 8-2 中的点 P_2.

边界点： 如果点 P 的任一邻域内既有属于 E 的点，也有不属于 E 的点，则称 P 点为 E 的边界点，如图 8-2 中的点 P_3. E 的边界点的全体，称为 E 的边界，记作 ∂E.

注 E 的内点必定属于 E；E 的外点必定不属于 E；而 E 的边界点可能属于 E，也可能不属于 E.

聚点： 如果点 P 的任一去心邻域 $\overset{\circ}{U}(P,\delta)$ 内总含有 E 中的点，即对于任一 $\delta > 0$，$\overset{\circ}{U}(P,\delta) \cap E \neq \varnothing$，则称 P 是 E 的聚点.

闭集： 如果点集 E 的余集 E^c 为开集，则称 E 为闭集.

连通集： 如果点集 E 内的任何两点都可以用属于 E 中的折线连接起来，则称 E 为连通集.

例如，集合 $E_1 = \{(x,y) \mid x^2 + y^2 < 4\}$ 是开集，集合 $E_2 = \{(x,y) \mid x^2 + y^2 \leq 4\}$ 是闭集. E_1 和 E_2 的边界相同，$\partial E_1 = \partial E_2 = \{(x,y) \mid x^2 + y^2 = 4\}$. 上述集合 E_1、E_2 都是连通集，但集合 $E_3 = \{(x,y) \mid |x| > 1\}$（见图 8-3）不是连通集.

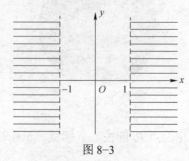

图 8-3

区域（或开区域）：连通的开集称为区域或开区域．
闭区域：开区域连同它的边界一起所构成的点集称为闭区域．
有界集：对于点集 E，如果存在某一正数 K，使得任一点 $P \in E$ 与坐标原点 O 之间的距离不超过 K，即 $|OP| \leqslant K$ 或 $E \subset U(O,K)$，则称 E 为有界集，否则称 E 为无界集．

例如，上述集合 E_1、E_2 都是有界集，E_3 是无界集．

8.1.2 多元函数概念

在实际问题中，经常会遇到一个变量受其他多个变量影响的情况，举例如下．

例 8-1 圆柱体的体积 V 和它的底半径 r、高 h 之间具有关系 $V = \pi r^2 h$．这里，当 r、h 在集合 $\{(r,h) \mid r>0, h>0\}$ 内取定一对值 (r,h) 时，V 对应的值就随之确定．

例 8-2 一定量的理想气体的压强 p、体积 V 和绝对温度 T 之间具有关系 $p = \dfrac{RT}{V}$，其中 R 为常数．这里，当 V、T 在集合 $\{(V,T) \mid V>0, T>T_0\}$ 内取定一对值 (V,T) 时，p 的对应值就随之确定．

例 8-3 设 R 是电阻 R_1、R_2 并联后的总电阻，由电学知识，它们之间具有关系 $R = \dfrac{R_1 R_2}{R_1 + R_2}$．这里，当 R_1、R_2 在集合 $\{(R_1, R_2) \mid R_1>0, R_2>0\}$ 内取定一对值 (R_1, R_2) 时，R 的对应值就随之确定．

定义 8-1 设 D 是 $\mathbf{R}^2$ 的一个非空子集，称映射 $f: D \to \mathbf{R}$ 为定义在 D 上的二元函数，通常记为 $z = f(x,y)$，$(x,y) \in D$ 或 $z = f(P)$，$P \in D$，其中，点集 D 称为该函数的定义域，x、y 称为自变量，z 称为因变量．

在上述定义中，与自变量 x、y 的一对值 (x,y) 相对应的因变量 z 的值，也称为 f 在点 (x,y) 处的函数值，记作 $f(x,y)$，即 $z = f(x,y)$．函数值 $f(x,y)$ 的全体构成的集合称为 f 的值域，记为 $f(D)$，即 $f(D) = \{z \mid z = f(x,y), (x,y) \in D\}$．

注 记号 f 与 $f(x,y)$ 的意义是不同的，习惯上常用"$f(x,y), (x,y) \in D$"或"$z = f(x,y)$, $(x,y) \in D$"表示 D 上的二元函数 f．表示二元函数 f 的符号是任意的，如上述函数也可以记为 $z = z(x,y)$、$z = \varphi(x,y)$ 等．

类似地，可以定义三元函数 $u = f(x,y,z)$，$(x,y,z) \in D$ 及三元以上的函数．

一般地，把定义 8-1 中的平面点集 D 换成 n 维空间 $\mathbf{R}^n$ 内的点集 D，映射 $f: D \to \mathbf{R}$ 就称为定义在 D 上的 n 元函数，通常记为 $u = f(x_1, x_2, \cdots, x_n)$，$(x_1, x_2, \cdots, x_n) \in D$，或简记为 $u = f(\boldsymbol{x})$，$\boldsymbol{x} = (x_1, x_2, \cdots, x_n) \in D$，也可记为 $u = f(P)$，$P(x_1, x_2, \cdots, x_n) \in D$．

当 $n=1$ 时，n 元函数称为一元函数，当 $n \geqslant 2$ 时，n 元函数称为多元函数。

关于函数定义域的约定：在一般讨论用算式表达的多元函数 $u = f(\boldsymbol{x})$ 时，就以使这个算式有意义的变元 $\boldsymbol{x}$ 的值所组成的点集为这个多元函数的**自然定义域**．因而，对于这类函数，它的定义域不再特别标出．例如，函数 $z = \ln(x-y)$ 的定义域为 $\{(x,y) \mid x-y>0\}$（无界开区域）；函数 $z = \arcsin(x^2 + y^2)$ 的定义域为 $\{(x,y) \mid x^2 + y^2 \leqslant 1\}$（有界闭区域）．

二元函数的图形：点集 $\{(x,y,z) \mid z = f(x,y), (x,y) \in D\}$ 称为二元函数 $z = f(x,y)$ 的图形．二元函数的图形是一个曲面（见图 8-4）．

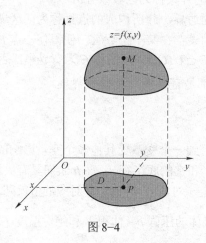

图 8-4

例如，函数 $z = x + 2y + 1$ 的图形是一个平面，而函数 $z = 4x^2 + y^2$ 的图形是一个抛物面．

8.1.3 多元函数的极限

与一元函数的极限概念类似，如果在动点 $P(x,y)$ 趋近于定点 $P_0(x_0, y_0)$ 的过程中，对应的函数值 $f(x,y)$ 无限接近于一个确定的常数 A，则称 A 是函数 $f(x,y)$ 当 $(x,y) \to (x_0, y_0)$ 时的极限．这里动点 $P(x,y)$ 趋近于定点 $P_0(x_0, y_0)$ 表示点 P 以任意方式趋近于点 P_0，也就是点 P 与点 P_0 的距离趋于 0，即 $|PP_0| = \sqrt{(x-x_0)^2 + (y-y_0)^2} \to 0$．

定义 8-2　设二元函数 $f(P) = f(x,y)$ 的定义域为 D，$P_0(x_0, y_0)$ 是 D 的聚点．如果存在常数 A，对于任意给定的正数 ε，总存在正数 δ，使得当 $P(x,y) \in D \cap \overset{\circ}{U}(P_0, \delta)$ 时，都有
$$|f(P) - A| = |f(x,y) - A| < \varepsilon$$
成立，则称常数 A 为函数 $f(x,y)$ 当 $(x,y) \to (x_0, y_0)$ 时的极限，记为
$$\lim_{(x,y) \to (x_0, y_0)} f(x,y) = A，\text{或} f(x,y) \to A\ ((x,y) \to (x_0, y_0))，$$
也记作 $\lim\limits_{P \to P_0} f(P) = A$ 或 $f(P) \to A (P \to P_0)$．

上述定义的二元函数的极限称为**二重极限**．

例 8-4　设 $f(x,y) = (x^2 + y^2)\sin\dfrac{1}{x^2 + y^2}$，求证 $\lim\limits_{(x,y) \to (0,0)} f(x,y) = 0$．

证　因为 $|f(x,y) - 0| = \left|(x^2 + y^2)\sin\dfrac{1}{x^2 + y^2} - 0\right| = |x^2 + y^2| \cdot \left|\sin\dfrac{1}{x^2 + y^2}\right| \leqslant x^2 + y^2$，所以，$\forall \varepsilon > 0$，取 $\delta = \sqrt{\varepsilon}$，则当 $0 < \sqrt{(x-0)^2 + (y-0)^2} < \delta$，即 $P(x,y) \in D \cap \overset{\circ}{U}(O, \delta)$ 时，总有 $|f(x,y) - 0| < \varepsilon$，因此 $\lim\limits_{(x,y) \to (0,0)} f(x,y) = 0$．

注　① 二重极限存在，是指当 P 以任何方式趋于 P_0 时，函数都无限接近于 A．
② 如果当 P 以两种不同方式趋于 P_0 时，函数趋于不同的值，则函数的极限不存在．

例 8-5 讨论函数 $f(x,y) = \begin{cases} \dfrac{xy}{x^2+y^2} & x^2+y^2 \neq 0 \\ 0 & x^2+y^2 = 0 \end{cases}$ 在点 $(0,0)$ 的极限是否存在.

解 当点 $P(x,y)$ 沿 x 轴趋于点 $(0,0)$ 时,$\lim\limits_{\substack{(x,y)\to(0,0)\\y=0}} f(x,y) = \lim\limits_{x\to 0} f(x,0) = \lim\limits_{x\to 0} 0 = 0$. 当点 $P(x,y)$ 沿 y 轴趋于点 $(0,0)$ 时,$\lim\limits_{\substack{(x,y)\to(0,0)\\x=0}} f(x,y) = \lim\limits_{y\to 0} f(0,y) = \lim\limits_{y\to 0} 0 = 0$.

虽然沿着上述两种特殊方式(沿 x 轴或 y 轴)趋近于原点 $(0,0)$ 时函数的极限都存在且相等,都为 0,但实际上,$\lim\limits_{(x,y)\to(0,0)} \dfrac{xy}{x^2+y^2}$ 并不存在. 因为当点 $P(x,y)$ 沿直线 $y=kx$ 趋于点 $(0,0)$ 时,$\lim\limits_{\substack{(x,y)\to(0,0)\\y=kx}} \dfrac{xy}{x^2+y^2} = \lim\limits_{x\to 0} \dfrac{kx^2}{x^2+k^2x^2} = \dfrac{k}{1+k^2}$,该值会随着 k 的变化而变化. 因此,函数 $f(x,y)$ 在 $(0,0)$ 处极限不存在.

以上关于二元函数的极限的概念可相应地推广到 n 元函数 $f(P)$ 中. 多元函数极限的运算法则与一元函数极限的运算法则类似.

例 8-6 求 $\lim\limits_{(x,y)\to(0,2)} \dfrac{\sin(xy)}{xy^2}$.

解 $\lim\limits_{(x,y)\to(0,2)} \dfrac{\sin(xy)}{xy^2} = \lim\limits_{(x,y)\to(0,2)} \dfrac{\sin(xy)}{xy} \cdot \dfrac{1}{y} = \lim\limits_{(x,y)\to(0,2)} \dfrac{\sin(xy)}{xy} \cdot \lim\limits_{(x,y)\to(0,2)} \dfrac{1}{y} = 1 \times \dfrac{1}{2} = \dfrac{1}{2}$.

8.1.4 多元函数的连续性

定义 8-3 设二元函数 $f(P) = f(x,y)$ 的定义域为 D,$P_0(x_0,y_0)$ 为 D 的聚点,且 $P_0 \in D$. 如果
$$\lim_{(x,y)\to(x_0,y_0)} f(x,y) = f(x_0,y_0),$$
则称函数 $f(x,y)$ 在点 $P_0(x_0,y_0)$ 连续.

如果函数 $f(x,y)$ 在 D 上的每一点都连续,那么就称函数 $f(x,y)$ 在 D 上连续,或者称 $f(x,y)$ 是 D 上的连续函数.

二元函数连续性的概念可相应地推广到 n 元函数 $f(P)$ 上.

例 8-7 设 $f(x,y) = \sin x$,证明 $f(x,y)$ 是 $\mathbf{R}^2$ 上的连续函数.

证 设 $P_0(x_0,y_0) \in \mathbf{R}^2$. $\forall \varepsilon > 0$,由于 $\sin x$ 作为 x 的一元函数在 x_0 处连续,故 $\exists \delta > 0$,当 $|x-x_0| < \delta$ 时,有 $|\sin x - \sin x_0| < \varepsilon$,以上述 δ 为半径,作 P_0 的 δ 邻域 $U(P_0, \delta)$,则当 $P(x,y) \in U(P_0, \delta)$ 时,显然 $|x-x_0| \leqslant \rho(P,P_0) < \delta$,从而 $|f(x,y) - f(x_0,y_0)| = |\sin x - \sin x_0| < \varepsilon$. 即 $f(x,y) = \sin x$ 在点 $P_0(x_0,y_0)$ 连续. 由 P_0 的任意性知,$\sin x$ 作为 x、y 的二元函数在 $\mathbf{R}^2$ 上连续.

由类似的讨论可知,当把一元基本初等函数看成二元函数或二元以上的多元函数时,它们在各自的定义域内都是连续的.

定义 8-4 设函数 $f(x,y)$ 的定义域为 D,$P_0(x_0,y_0)$ 是 D 的聚点. 如果 $f(x,y)$ 在点 $P_0(x_0,y_0)$ 不连续,则称 $P_0(x_0,y_0)$ 为函数 $f(x,y)$ 的间断点.

例如，函数 $f(x,y) = \begin{cases} \dfrac{xy}{x^2+y^2} & x^2+y^2 \neq 0 \\ 0 & x^2+y^2 = 0 \end{cases}$，其定义域 $D = \mathbf{R}^2$，$O(0, 0)$ 是 D 的聚点．

$f(x,y)$ 当 $(x,y) \to (0,0)$ 时的极限不存在，所以点 $O(0,0)$ 是该函数的一个间断点．

又如，函数 $z = \arctan \dfrac{1}{x^2+y^2-1}$，其定义域为 $D = \{(x,y) \mid x^2+y^2 \neq 1\}$，圆周 $C = \{(x,y) \mid x^2+y^2 = 1\}$ 上的点都是 D 的聚点，而函数在 C 上没有定义，所以函数在 C 上各点都不连续，所以圆周 C 上各点都是该函数的间断点．

一元函数极限的运算法则对于多元函数仍然适用．根据多元函数极限的运算法则可以证明，多元连续函数的和、差、积仍为连续函数，连续函数的商在分母不为零处仍连续，多元连续函数的复合函数也是连续函数．

多元初等函数：与一元初等函数类似，多元初等函数是指可用一个式子表示的多元函数，这个式子是由常数及具有不同自变量的一元基本初等函数经过有限次的四则运算和复合运算而得到的．

例如，$z = \dfrac{x^2 - y^2 + xy}{1 + y^2}$，$z = \ln(1 + xy)$，$z = \cos \dfrac{1-x}{1+y}$，$u = \mathrm{e}^{x^2+y^2+z^2}$ 都是多元初等函数．

根据连续函数的和、差、积、商的连续性及连续函数的复合函数的连续性，再利用基本初等函数的连续性，进一步得出以下结论：

一切多元初等函数在其定义区域内都是连续的．所谓定义区域，是指包含在定义域内的区域或闭区域．

由多元初等函数 $f(P)$ 的连续性，如果要求 $f(P)$ 在点 P_0 处的极限，而该点又在此函数的定义区域内，则 $\lim\limits_{P \to P_0} f(P) = f(P_0)$．

例 8-8 求 $\lim\limits_{(x,y) \to (1,2)} \dfrac{x+y}{xy}$．

解 函数 $f(x,y) = \dfrac{x+y}{xy}$ 是初等函数，它的定义域为 $D = \{(x,y) \mid x \neq 0, y \neq 0\}$．

$P_0(1, 2)$ 为 D 的内点，故存在 P_0 的某一邻域 $U(P_0) \subset D$，而任何邻域都是区域，所以 $U(P_0)$ 是 $f(x,y)$ 的一个定义区域，因此 $\lim\limits_{(x,y) \to (1,2)} f(x,y) = f(1,2) = \dfrac{3}{2}$．

一般地，在求 $\lim\limits_{P \to P_0} f(P)$ 时，如果 $f(P)$ 是初等函数，且 P_0 是 $f(P)$ 的定义域的内点，则 $f(P)$ 在点 P_0 处连续，于是 $\lim\limits_{P \to P_0} f(P) = f(P_0)$．

例 8-9 求 $\lim\limits_{(x,y) \to (0,0)} \dfrac{\sqrt{xy+4}-2}{xy}$．

解 $\lim\limits_{(x,y) \to (0,0)} \dfrac{\sqrt{xy+4}-2}{xy} = \lim\limits_{(x,y) \to (0,0)} \dfrac{(\sqrt{xy+4}-2)(\sqrt{xy+4}+2)}{xy(\sqrt{xy+4}+2)}$

$= \lim\limits_{(x,y) \to (0,0)} \dfrac{xy}{xy(\sqrt{xy+4}+2)} = \lim\limits_{(x,y) \to (0,0)} \dfrac{1}{\sqrt{xy+4}+2} = \dfrac{1}{4}$．

类似于有界闭区间上一元连续函数的性质,在有界闭区域上连续的多元函数具有下列性质.

性质 8-1（有界性与最大值和最小值定理） 在有界闭区域 D 上的多元连续函数,必定在 D 上有界,且在 D 上能取得最大值和最小值.

性质 8-1 就是说,若 $f(P)$ 在有界闭区域 D 上连续,则必定存在常数 $M>0$,使得对一切 $P \in D$,有 $|f(P)| \leqslant M$. 且存在 P_1、$P_2 \in D$,使得 $f(P_1) = \max\{f(P) | P \in D\}$,$f(P_2) = \min\{f(P) | P \in D\}$.

性质 8-2（介值定理） 在有界闭区域 D 上的多元连续函数必取得介于最大值和最小值之间的任何值.

性质 8-3（一致连续性定理） 在有界闭区域 D 上的多元连续函数必定在 D 上一致连续.

8.2 偏 导 数

8.2.1 偏导数的定义及其计算

对于二元函数 $z = f(x, y)$,如果只有自变量 x 变化,而自变量 y 固定,这时它就是 x 的一元函数,该函数对 x 的导数,就称为二元函数 $z = f(x, y)$ 对于 x 的偏导数.

定义 8-5 设函数 $z = f(x, y)$ 在点 (x_0, y_0) 的某一邻域内有定义,当 y 固定在 y_0 而 x 在 x_0 处有增量 Δx 时,相应地,函数有增量 $f(x_0 + \Delta x, y_0) - f(x_0, y_0)$,如果极限 $\lim\limits_{\Delta x \to 0} \dfrac{f(x_0 + \Delta x, y_0) - f(x_0, y_0)}{\Delta x}$ 存在,则称此极限为函数 $z = f(x, y)$ 在点 (x_0, y_0) 处对 x 的偏导数,记作 $\left.\dfrac{\partial z}{\partial x}\right|_{\substack{x=x_0 \\ y=y_0}}$,$\left.\dfrac{\partial f}{\partial x}\right|_{\substack{x=x_0 \\ y=y_0}}$,$\left.z_x\right|_{\substack{x=x_0 \\ y=y_0}}$ 或 $f_x(x_0, y_0)$,即 $f_x(x_0, y_0) = \lim\limits_{\Delta x \to 0} \dfrac{f(x_0 + \Delta x, y_0) - f(x_0, y_0)}{\Delta x}$.

类似地,函数 $z = f(x, y)$ 在点 (x_0, y_0) 处对 y 的偏导数定义为 $\lim\limits_{\Delta y \to 0} \dfrac{f(x_0, y_0 + \Delta y) - f(x_0, y_0)}{\Delta y}$,记作 $\left.\dfrac{\partial z}{\partial y}\right|_{\substack{x=x_0 \\ y=y_0}}$,$\left.\dfrac{\partial f}{\partial y}\right|_{\substack{x=x_0 \\ y=y_0}}$,$\left.z_y\right|_{\substack{x=x_0 \\ y=y_0}}$ 或 $f_y(x_0, y_0)$.

定义 8-6 如果函数 $z = f(x, y)$ 在区域 D 内每一点 (x, y) 处对 x 的偏导数都存在,那么这个偏导数就是 x、y 的函数,称为函数 $z = f(x, y)$ 对自变量 x 的偏导函数,记作 $\dfrac{\partial z}{\partial x}$,$\dfrac{\partial f}{\partial x}$,$z_x$ 或 $f_x(x, y)$,即

$$f_x(x, y) = \lim_{\Delta x \to 0} \dfrac{f(x + \Delta x, y) - f(x, y)}{\Delta x}.$$

类似地,可定义函数 $z = f(x, y)$ 对 y 的偏导函数,记为 $\dfrac{\partial z}{\partial y}$,$\dfrac{\partial f}{\partial y}$,$z_y$ 或 $f_y(x, y)$,即

$$f_y(x,y) = \lim_{\Delta y \to 0} \frac{f(x, y+\Delta y) - f(x,y)}{\Delta y}.$$

根据偏导数的定义,在求函数 $z = f(x,y)$ 的偏导数时,一个自变量保持不变,只有另一个自变量变动,所以本质上为一元函数的导数问题. 在求 $\frac{\partial f}{\partial x}$ 时,只要把 y 暂时看作常量而对 x 求导数;在求 $\frac{\partial f}{\partial y}$ 时,只要把 x 暂时看作常量而对 y 求导数. 所以

$$f_x(x_0, y_0) = f_x(x,y)\Big|_{\substack{x=x_0 \\ y=y_0}} = \frac{\mathrm{d}}{\mathrm{d}x} f(x, y_0)\Big|_{x=x_0}, \quad f_y(x_0, y_0) = f_y(x,y)\Big|_{\substack{x=x_0 \\ y=y_0}} = \frac{\mathrm{d}}{\mathrm{d}y} f(x_0, y)\Big|_{y=y_0}.$$

偏导数的概念可以推广到二元以上的函数. 例如,三元函数 $u = f(x,y,z)$ 在点 (x,y,z) 处对 x 的偏导数定义为 $f_x(x,y,z) = \lim\limits_{\Delta x \to 0} \frac{f(x+\Delta x, y, z) - f(x,y,z)}{\Delta x}$,其中 (x,y,z) 是函数 $u = f(x,y,z)$ 的定义域的内点. 它们的计算也仍旧是一元函数的导数问题.

例 8-10 求 $z = x^2 + 3xy + y^2$ 在点 $(1, 2)$ 处的偏导数.

解 法一 先代后求.

因为 $z(x,2) = x^2 + 6x + 4$,所以 $\dfrac{\partial z}{\partial x}\Big|_{\substack{x=1 \\ y=2}} = \dfrac{\mathrm{d}}{\mathrm{d}x} z(x,2)\Big|_{x=1} = [2x+6]\Big|_{x=1} = 8$;

因为 $z(1,y) = 1 + 3y + y^2$,所以 $\dfrac{\partial z}{\partial y}\Big|_{\substack{x=1 \\ y=2}} = \dfrac{\mathrm{d}}{\mathrm{d}y} z(1,y)\Big|_{y=2} = [3+2y]\Big|_{y=2} = 7$.

法二 先求后代.

因为 $\dfrac{\partial z}{\partial x} = 2x + 3y$,所以 $\dfrac{\partial z}{\partial x}\Big|_{\substack{x=1 \\ y=2}} = 2 \times 1 + 3 \times 2 = 8$;因为 $\dfrac{\partial z}{\partial y} = 3x + 2y$,所以 $\dfrac{\partial z}{\partial y}\Big|_{\substack{x=1 \\ y=2}} = 3 \times 1 + 2 \times 2 = 7$.

例 8-11 求 $z = \mathrm{e}^{x^2} \cos 2y$ 的偏导数.

解 $\dfrac{\partial z}{\partial x} = 2x\mathrm{e}^{x^2} \cos 2y$,$\dfrac{\partial z}{\partial y} = -2\mathrm{e}^{x^2} \sin 2y$.

例 8-12 设 $z = x^y (x > 0, x \neq 1)$,求证:$\dfrac{x}{y} \dfrac{\partial z}{\partial x} + \dfrac{1}{\ln x} \dfrac{\partial z}{\partial y} = 2z$.

证 因为 $\dfrac{\partial z}{\partial x} = yx^{y-1}$,$\dfrac{\partial z}{\partial y} = x^y \ln x$,所以

$$\frac{x}{y} \frac{\partial z}{\partial x} + \frac{1}{\ln x} \frac{\partial z}{\partial y} = \frac{x}{y} y x^{y-1} + \frac{1}{\ln x} x^y \ln x = x^y + x^y = 2z.$$

例 8-13 求 $r = \sqrt{x^2 + y^2 + z^2}$ 的偏导数.

解 把 y、z 看作常量,对 x 求导得 $\dfrac{\partial r}{\partial x} = \dfrac{1}{2} \times \dfrac{2x}{\sqrt{x^2+y^2+z^2}} = \dfrac{x}{r}$,由所给函数关于自变量

的对称性，得 $\dfrac{\partial r}{\partial y}=\dfrac{y}{r},\dfrac{\partial r}{\partial z}=\dfrac{z}{r}$.

例 8-14 已知理想气体的状态方程为 $pV=RT$（R 为常数），求证：$\dfrac{\partial p}{\partial V}\cdot\dfrac{\partial V}{\partial T}\cdot\dfrac{\partial T}{\partial p}=-1$.

证 因为 $p=\dfrac{RT}{V}$，$\dfrac{\partial p}{\partial V}=-\dfrac{RT}{V^2}$；$V=\dfrac{RT}{p}$，$\dfrac{\partial V}{\partial T}=\dfrac{R}{p}$；$T=\dfrac{pV}{R}$，$\dfrac{\partial T}{\partial p}=\dfrac{V}{R}$；

所以 $\dfrac{\partial p}{\partial V}\cdot\dfrac{\partial V}{\partial T}\cdot\dfrac{\partial T}{\partial p}=-\dfrac{RT}{V^2}\cdot\dfrac{R}{p}\cdot\dfrac{V}{R}=-\dfrac{RT}{pV}=-1$.

对于一元函数来说，记号 $\dfrac{dy}{dx}$ 可以看作函数的微分 dy 与自变量的微分 dx 之商，而例 8-14 说明，对于多元函数，偏导数的记号是一个整体记号，不能看作分子与分母之商.

二元函数 $z=f(x,y)$ 在点 (x_0,y_0) 的偏导数有下述几何意义.

设点 $M_0(x_0,y_0,f(x_0,y_0))$ 为曲面 $z=f(x,y)$ 上的一点（见图 8-5），过点 M_0 作平面 $y=y_0$，截此曲面得一曲线，此曲线在平面 $y=y_0$ 上的方程为 $z=f(x,y_0)$，则导数 $\dfrac{d}{dx}f(x,y_0)\Big|_{x=x_0}$ 即偏导数 $f_x(x_0,y_0)$ 是截线在点 M_0 处的切线 M_0T_x 对 x 轴的斜率. 同样，偏导数 $f_y(x_0,y_0)$ 的几何意义是曲面 $z=f(x,y)$ 被平面 $x=x_0$ 所截得的曲线在点 M_0 处的切线 M_0T_y 对 y 轴的斜率.

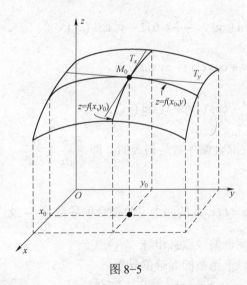

图 8-5

对于一元函数，如果函数在某点具有导数，则函数在该点一定连续. 但对于多元函数，即使函数的各偏导数在某点都存在，也不能保证函数在该点连续.

例如，$f(x,y)=\begin{cases}\dfrac{xy}{x^2+y^2} & x^2+y^2\neq 0\\ 0 & x^2+y^2=0\end{cases}$ 在点 $(0,0)$ 处有 $f_x(0,0)=\lim\limits_{\Delta x\to 0}\dfrac{f(0+\Delta x,0)-f(0,0)}{\Delta x}=0$，

$f_y(0,0)=\lim\limits_{\Delta y\to 0}\dfrac{f(0,0+\Delta y)-f(0,0)}{\Delta y}=0$，但函数在点 $(0,0)$ 的极限不存在，所以函数在 $(0,0)$ 点

并不连续.

8.2.2 高阶偏导数

设函数 $z=f(x,y)$ 在区域 D 内具有偏导数 $\dfrac{\partial z}{\partial x}=f_x(x,y)$，$\dfrac{\partial z}{\partial y}=f_y(x,y)$，那么在 D 内 $f_x(x,y)$、$f_y(x,y)$ 都是 x,y 的函数. 如果这两个函数的偏导数也存在，则称它们是函数 $z=f(x,y)$ 的二阶偏导数. 按照对变量求导次序的不同有下列 4 个二阶偏导数.

$$\frac{\partial}{\partial x}\left(\frac{\partial z}{\partial x}\right)=\frac{\partial^2 z}{\partial x^2}=f_{xx}(x,y), \quad \frac{\partial}{\partial y}\left(\frac{\partial z}{\partial x}\right)=\frac{\partial^2 z}{\partial x \partial y}=f_{xy}(x,y),$$

$$\frac{\partial}{\partial x}\left(\frac{\partial z}{\partial y}\right)=\frac{\partial^2 z}{\partial y \partial x}=f_{yx}(x,y), \quad \frac{\partial}{\partial y}\left(\frac{\partial z}{\partial y}\right)=\frac{\partial^2 z}{\partial y^2}=f_{yy}(x,y).$$

其中，$f_{xy}(x,y)$，$f_{yx}(x,y)$ 称为二阶混合偏导数.

同样可得三阶、四阶……及 n 阶偏导数. 二阶及二阶以上的偏导数统称为**高阶偏导数**.

例 8-15 设 $\dfrac{\partial z}{\partial x}=x^3 y^2-2xy^3+\sin(xy)$，求 $\dfrac{\partial^2 z}{\partial x^2}$、$\dfrac{\partial^3 z}{\partial x^3}$、$\dfrac{\partial^2 z}{\partial y \partial x}$ 和 $\dfrac{\partial^2 z}{\partial x \partial y}$.

解 $\dfrac{\partial z}{\partial x}=3x^2 y^2-2y^3+y\cos(xy)$，$\dfrac{\partial z}{\partial y}=2x^3 y-6xy^2+x\cos(xy)$，

$\dfrac{\partial^2 z}{\partial x^2}=6xy^2-y^2\sin(xy)$，$\dfrac{\partial^3 z}{\partial x^3}=6y^2-y^3\cos(xy)$，

$\dfrac{\partial^2 z}{\partial y \partial x}=6x^2 y-6y^2+\cos(xy)-xy\sin(xy)$，

$\dfrac{\partial^2 z}{\partial x \partial y}=6x^2 y-6y^2+\cos(xy)-xy\sin(xy)$.

例 8-15 中的两个二阶混合偏导数是相等的，即 $\dfrac{\partial^2 z}{\partial y \partial x}=\dfrac{\partial^2 z}{\partial x \partial y}$. 这个结论不是偶然的，实际上有下列结论.

定理 8-1 如果函数 $z=f(x,y)$ 的两个二阶混合偏导数 $\dfrac{\partial^2 z}{\partial y \partial x}$ 及 $\dfrac{\partial^2 z}{\partial x \partial y}$ 在区域 D 内连续，那么在该区域内这两个二阶混合偏导数必相等.

类似地，可定义二元以上函数的高阶偏导数.

例 8-16 验证函数 $z=\ln\sqrt{x^2+y^2}$ 满足方程 $\dfrac{\partial^2 z}{\partial x^2}+\dfrac{\partial^2 z}{\partial y^2}=0$.

证 由于 $z=\ln\sqrt{x^2+y^2}=\dfrac{1}{2}\ln(x^2+y^2)$，故 $\dfrac{\partial z}{\partial x}=\dfrac{x}{x^2+y^2}$，$\dfrac{\partial z}{\partial y}=\dfrac{y}{x^2+y^2}$，

$\dfrac{\partial^2 z}{\partial x^2}=\dfrac{(x^2+y^2)-x\cdot 2x}{(x^2+y^2)^2}=\dfrac{y^2-x^2}{(x^2+y^2)^2}$，$\dfrac{\partial^2 z}{\partial y^2}=\dfrac{(x^2+y^2)-y\cdot 2y}{(x^2+y^2)^2}=\dfrac{x^2-y^2}{(x^2+y^2)^2}$，

所以 $\dfrac{\partial^2 z}{\partial x^2}+\dfrac{\partial^2 z}{\partial y^2}=\dfrac{x^2-y^2}{(x^2+y^2)^2}+\dfrac{y^2-x^2}{(x^2+y^2)^2}=0$.

例 8-17 证明函数 $u = \dfrac{1}{r}$ 满足方程 $\dfrac{\partial^2 u}{\partial x^2} + \dfrac{\partial^2 u}{\partial y^2} + \dfrac{\partial^2 u}{\partial z^2} = 0$，其中 $r = \sqrt{x^2 + y^2 + z^2}$.

证 $\dfrac{\partial u}{\partial x} = -\dfrac{1}{r^2} \cdot \dfrac{\partial r}{\partial x} = -\dfrac{1}{r^2} \cdot \dfrac{x}{r} = -\dfrac{x}{r^3}$, $\dfrac{\partial^2 u}{\partial x^2} = -\dfrac{1}{r^3} + \dfrac{3x}{r^4} \cdot \dfrac{\partial r}{\partial x} = -\dfrac{1}{r^3} + \dfrac{3x^2}{r^5}$.

同理 $\dfrac{\partial^2 u}{\partial y^2} = -\dfrac{1}{r^3} + \dfrac{3y^2}{r^5}$, $\dfrac{\partial^2 u}{\partial z^2} = -\dfrac{1}{r^3} + \dfrac{3z^2}{r^5}$.

因此，$\dfrac{\partial^2 u}{\partial x^2} + \dfrac{\partial^2 u}{\partial y^2} + \dfrac{\partial^2 u}{\partial z^2} = \left(-\dfrac{1}{r^3} + \dfrac{3x^2}{r^5}\right) + \left(-\dfrac{1}{r^3} + \dfrac{3y^2}{r^5}\right) + \left(-\dfrac{1}{r^3} + \dfrac{3z^2}{r^5}\right)$

$$= -\dfrac{3}{r^3} + \dfrac{3(x^2 + y^2 + z^2)}{r^5} = -\dfrac{3}{r^3} + \dfrac{3r^2}{r^5} = 0.$$

例 8-16 和例 8-17 中的两个方程都叫作拉普拉斯方程，它是数学物理方程中一个很重要的方程.

8.3 全微分及其应用

8.3.1 全微分的定义

根据偏导数的定义，二元函数对某个自变量的偏导数表示当另一个自变量固定不变时，函数（因变量）对于该自变量的变化率。根据一元函数微分学中增量与微分的关系，可得

$$f(x + \Delta x, y) - f(x, y) \approx f_x(x, y)\Delta x, \quad f(x, y + \Delta y) - f(x, y) \approx f_y(x, y)\Delta y.$$

上式左端分别称为二元函数对 x 和对 y 的偏增量，而右端分别称为二元函数对 x 和对 y 的偏微分.

在很多实际问题中，需要讨论多元函数的各个自变量都取得增量时函数所获得的增量问题，即全增量问题. 下面以二元函数为例进行讨论.

设函数 $z = f(x, y)$ 在点 $P(x, y)$ 的某个邻域内有定义，$P'(x + \Delta x, y + \Delta y)$ 为这个邻域内任意一点，则称这两点的函数差 $f(x + \Delta x, y + \Delta y) - f(x, y)$ 为函数在点 P 对应于自变量的增量 Δx、Δy 的全增量，记为 Δz，即 $\Delta z = f(x + \Delta x, y + \Delta y) - f(x, y)$.

计算全增量比较复杂，与一元函数情形类似，希望用 Δx、Δy 的线性函数来近似代替.

定义 8-7 设函数 $z = f(x, y)$ 在点 (x, y) 的某个邻域内有定义，如果函数在点 (x, y) 的全增量

$$\Delta z = f(x + \Delta x, y + \Delta y) - f(x, y)$$

可表示为

$$\Delta z = A\Delta x + B\Delta y + o(\rho) \ (\rho = \sqrt{(\Delta x)^2 + (\Delta y)^2}\ ),$$

其中 A、B 不依赖于 Δx、Δy 而仅与 x、y 有关，则称函数 $z = f(x, y)$ 在点 (x, y) 可微分（微分存在），而称 $A\Delta x + B\Delta y$ 为函数 $z = f(x, y)$ 在点 (x, y) 的全微分，记作 $\mathrm{d}z$，即 $\mathrm{d}z = A\Delta x + B\Delta y$.

如果函数在区域 D 内各点处都可微分，则称该函数在 D 内可微分.

在 8.2 节中曾指出，多元函数在某点的偏导数存在，并不能保证函数在该点连续. 但是根据上述定义，若函数 $f(x, y)$ 在点 $P(x, y)$ 处可微，则函数在点 P 处必连续.

这是因为，如果 $z = f(x, y)$ 在点 (x, y) 处可微，则 $\Delta z = f(x + \Delta x, y + \Delta y) - f(x, y) = A\Delta x + B\Delta y + o(\rho)$，

于是 $\lim\limits_{\rho\to 0}\Delta z=0$，从而 $\lim\limits_{(\Delta x,\Delta y)\to(0,0)}f(x+\Delta x,y+\Delta y)=\lim\limits_{\rho\to 0}[f(x,y)+\Delta z]=f(x,y)$．因此，函数 $z=f(x,y)$ 在点 (x,y) 处连续．

下面讨论多元函数可微分的条件．

定理 8-2（必要条件） 如果函数 $z=f(x,y)$ 在点 (x,y) 处可微分，则函数在该点的偏导数 $\dfrac{\partial z}{\partial x}$、$\dfrac{\partial z}{\partial y}$ 必定存在，且函数 $z=f(x,y)$ 在点 (x,y) 的全微分为 $\mathrm{d}z=\dfrac{\partial z}{\partial x}\Delta x+\dfrac{\partial z}{\partial y}\Delta y$．

证 设函数 $z=f(x,y)$ 在点 $P(x,y)$ 处可微分．于是，对于点 P 的某个邻域内的任意一点 $P'(x+\Delta x,y+\Delta y)$，有 $\Delta z=A\Delta x+B\Delta y+o(\rho)$．特别地，当 $\Delta y=0$ 时，有
$$f(x+\Delta x,y)-f(x,y)=A\Delta x+o(|\Delta x|).$$
上式两边各除以 Δx，再令 $\Delta x\to 0$ 取极限，得 $\dfrac{\partial z}{\partial x}=\lim\limits_{\Delta x\to 0}\dfrac{f(x+\Delta x,y)-f(x,y)}{\Delta x}=A$，从而偏导数 $\dfrac{\partial z}{\partial x}$ 存在，且 $\dfrac{\partial z}{\partial x}=A$．同理可证偏导数 $\dfrac{\partial z}{\partial y}$ 存在，且 $\dfrac{\partial z}{\partial y}=B$．所以 $\mathrm{d}z=\dfrac{\partial z}{\partial x}\Delta x+\dfrac{\partial z}{\partial y}\Delta y$．

注 偏导数 $\dfrac{\partial z}{\partial x}$、$\dfrac{\partial z}{\partial y}$ 存在是可微分的必要条件，但不是充分条件．

例如，函数 $f(x,y)=\begin{cases}\dfrac{xy}{\sqrt{x^2+y^2}} & x^2+y^2\neq 0\\ 0 & x^2+y^2=0\end{cases}$ 在点 $(0,0)$ 处有
$$f_x(0,0)=\dfrac{\mathrm{d}}{\mathrm{d}x}[f(x,0)]\Big|_{x=0}=0,\quad f_y(0,0)=\dfrac{\mathrm{d}}{\mathrm{d}y}[f(0,y)]\Big|_{y=0}=0.$$
而 $\Delta z-[f_x(0,0)\cdot\Delta x+f_y(0,0)\cdot\Delta y]=\dfrac{\Delta x\Delta y}{\sqrt{(\Delta x)^2+(\Delta y)^2}}$ 不是 ρ 的高阶无穷小．这是因为当 $(\Delta x,\Delta y)$ 沿直线 $y=x$ 趋于 $(0,0)$ 时，有
$$\dfrac{\Delta z-[f_x(0,0)\cdot\Delta x+f_y(0,0)\cdot\Delta y]}{\rho}=\dfrac{\Delta x\cdot\Delta y}{(\Delta x)^2+(\Delta y)^2}=\dfrac{\Delta x\cdot\Delta x}{(\Delta x)^2+(\Delta x)^2}=\dfrac{1}{2}\neq 0.$$
所以函数在点 $(0,0)$ 处是不可微分的．

偏导数存在只是函数可微分的必要条件而非充分条件．如果在偏导数存在的前提下偏导数连续，则可以证明函数是可微分的，即下面的定理．

定理 8-3（充分条件） 如果函数 $z=f(x,y)$ 的偏导数 $\dfrac{\partial z}{\partial x}$、$\dfrac{\partial z}{\partial y}$ 在点 (x,y) 处连续，则函数在该点可微分．

定理 8-2 和定理 8-3 的结论可推广到三元及三元以上函数．

习惯上，自变量的增量 Δx、Δy 分别记作 $\mathrm{d}x$、$\mathrm{d}y$，并分别称为自变量的微分，则函数 $z=f(x,y)$ 的全微分可写作 $\mathrm{d}z=\dfrac{\partial z}{\partial x}\mathrm{d}x+\dfrac{\partial z}{\partial y}\mathrm{d}y$．

通常把二元函数的全微分等于两个偏微分之和这个结论称为二元函数的全微分符合叠加原理．叠加原理也适用于二元以上的函数，例如，函数 $u=f(x,y,z)$ 的全微分为 $\mathrm{d}u=\dfrac{\partial u}{\partial x}\mathrm{d}x+\dfrac{\partial u}{\partial y}\mathrm{d}y+$

$\dfrac{\partial u}{\partial z}\mathrm{d}z$.

例 8–18 计算函数 $z = x^2y + xy^2$ 的全微分.

解 因为 $\dfrac{\partial z}{\partial x} = 2xy + y^2$，$\dfrac{\partial z}{\partial y} = x^2 + 2xy$，所以 $\mathrm{d}z = (2xy + y^2)\mathrm{d}x + (x^2 + 2xy)\mathrm{d}y$.

例 8–19 计算函数 $z = \mathrm{e}^{x^2 y}$ 在点 $(2, 1)$ 处的全微分.

解 因为 $\dfrac{\partial z}{\partial x} = 2xy\mathrm{e}^{x^2 y}$，$\dfrac{\partial z}{\partial y} = x^2\mathrm{e}^{x^2 y}$，所以 $\left.\dfrac{\partial z}{\partial x}\right|_{\substack{x=2\\y=1}} = 4\mathrm{e}^4$，$\left.\dfrac{\partial z}{\partial y}\right|_{\substack{x=2\\y=1}} = 4\mathrm{e}^4$，

则 $\mathrm{d}z\big|_{(2,1)} = 4\mathrm{e}^4\mathrm{d}x + 4\mathrm{e}^4\mathrm{d}y = 4\mathrm{e}^4(\mathrm{d}x + \mathrm{d}y)$.

例 8–20 计算函数 $u = x + \sin\dfrac{y}{2} + \mathrm{e}^{yz}$ 的全微分.

解 因为 $\dfrac{\partial u}{\partial x} = 1$，$\dfrac{\partial u}{\partial y} = \dfrac{1}{2}\cos\dfrac{y}{2} + z\mathrm{e}^{yz}$，$\dfrac{\partial u}{\partial z} = y\mathrm{e}^{yz}$，所以

$$\mathrm{d}u = \mathrm{d}x + \left(\dfrac{1}{2}\cos\dfrac{y}{2} + z\mathrm{e}^{yz}\right)\mathrm{d}y + y\mathrm{e}^{yz}\mathrm{d}z.$$

8.3.2 全微分在近似计算中的应用

当二元函数 $z = f(x, y)$ 在点 $P(x, y)$ 的两个偏导数 $f_x(x, y)$，$f_y(x, y)$ 连续，并且 $|\Delta x|$、$|\Delta y|$ 都较小时，有近似式 $\Delta z \approx \mathrm{d}z = f_x(x, y)\Delta x + f_y(x, y)\Delta y$，即

$$f(x + \Delta x, y + \Delta y) \approx f(x, y) + f_x(x, y)\Delta x + f_y(x, y)\Delta y.$$

可以利用上述近似式对二元函数作近似计算.

例 8–21 有一圆柱体，受压后发生形变，它的半径由 20 cm 增大到 20.05 cm，高度由 100 cm 减少到 99 cm. 求此圆柱体体积变化的近似值.

解 设圆柱体的半径、高和体积依次为 r，h 和 V，则有 $V = \pi r^2 h$.

已知 $r = 20$，$h = 100$，$\Delta r = 0.05$，$\Delta h = -1$. 根据近似公式，有

$$\Delta V \approx \mathrm{d}V = V_r\Delta r + V_h\Delta h = 2\pi rh\Delta r + \pi r^2\Delta h = 2\pi \times 20 \times 100 \times 0.05 + \pi \times 20^2 \times (-1)$$
$$= -200\pi \text{ (cm}^3\text{)}.$$

即此圆柱体在受压后体积约减少了 $200\pi \text{ cm}^3$.

例 8–22 计算 $1.04^{2.02}$ 的近似值.

解 设函数 $f(x, y) = x^y$.

显然，要计算的值就是函数在 $x = 1.04$，$y = 2.02$ 时的函数值 $f(1.04, 2.02)$.

取 $x = 1$，$y = 2$，$\Delta x = 0.04$，$\Delta y = 0.02$. 由于

$$f(x + \Delta x, y + \Delta y) \approx f(x, y) + f_x(x, y)\Delta x + f_y(x, y)\Delta y = x^y + yx^{y-1}\Delta x + x^y\ln x\,\Delta y,$$

所以 $1.04^{2.02} \approx 1^2 + 2 \times 1^{2-1} \times 0.04 + 1^2 \times \ln 1 \times 0.02 = 1.08$.

8.4 多元复合函数的求导法则

本节要将一元函数微分学中复合函数的求导法则推广到多元复合函数的情形。

8.4.1 一元函数与多元函数复合的情形

定理 8-4 如果函数 $u=\varphi(t)$ 及 $v=\psi(t)$ 都在点 t 可导,函数 $z=f(u,v)$ 在对应点 (u,v) 具有连续偏导数,则复合函数 $z=f[\varphi(t),\psi(t)]$ 在点 t 可导,且有

$$\frac{dz}{dt}=\frac{\partial z}{\partial u}\frac{du}{dt}+\frac{\partial z}{\partial v}\frac{dv}{dt}. \tag{8-1}$$

证 当 t 取得增量 Δt 时,$u=\varphi(t)$,$v=\psi(t)$ 相应地取得增量 Δu、Δv,$z=f(u,v)$ 相应地获得增量 Δz. 由假设,$z=f(u,v)$ 在点 (u,v) 具有连续偏导数,所以 $z=f(u,v)$ 在点 (u,v) 处可微,则全增量 Δz 可表示为 $\Delta z=\frac{\partial z}{\partial u}\Delta u+\frac{\partial z}{\partial v}\Delta v+o(\rho)$,$\rho=\sqrt{(\Delta u)^2+(\Delta v)^2}$.

又由假设,函数 $u=\varphi(t)$ 及 $v=\psi(t)$ 都在点 t 可导,所以

$$\Delta z=\frac{\partial z}{\partial u}\left[\frac{du}{dt}\Delta t+o(\Delta t)\right]+\frac{\partial z}{\partial v}\left[\frac{dv}{dt}\Delta t+o(\Delta t)\right]+o(\rho)$$

$$=\left(\frac{\partial z}{\partial u}\cdot\frac{du}{dt}+\frac{\partial z}{\partial v}\cdot\frac{dv}{dt}\right)\Delta t+\left(\frac{\partial z}{\partial u}+\frac{\partial z}{\partial v}\right)o(\Delta t)+o(\rho),$$

其中,$\lim\limits_{\Delta t\to 0}\frac{o(\Delta t)}{\Delta t}=0$. 因此 $\frac{\Delta z}{\Delta t}=\frac{\partial z}{\partial u}\cdot\frac{du}{dt}+\frac{\partial z}{\partial v}\cdot\frac{dv}{dt}+\left(\frac{\partial z}{\partial u}+\frac{\partial z}{\partial v}\right)\frac{o(\Delta t)}{\Delta t}+\frac{o(\rho)}{\Delta t}$.

令 $\Delta t\to 0$,上式两边取极限,由于 $\lim\limits_{\Delta t\to 0}\frac{o(\rho)}{\Delta t}=\lim\limits_{\Delta t\to 0}\frac{o(\rho)}{\rho}\cdot\frac{\sqrt{(\Delta u)^2+(\Delta v)^2}}{\Delta t}=0$,因此,得

$$\frac{dz}{dt}=\frac{\partial z}{\partial u}\cdot\frac{du}{dt}+\frac{\partial z}{\partial v}\cdot\frac{dv}{dt}.$$

这就证明了复合函数 $z=f[\varphi(t),\psi(t)]$ 在点 t 可导,且其导数可用求导公式(8-1)来计算. 可将定理 8-4 推广到中间变量多于两个的情形. 例如,设 $z=f(u,v,w)$,$u=\varphi(t)$,$v=\psi(t)$,$w=\omega(t)$,则在与定理 8-4 相似的条件下,复合函数 $z=f[\varphi(t),\psi(t),\omega(t)]$ 在 t 点处可导,且其导数可由下式计算:

$$\frac{dz}{dt}=\frac{\partial z}{\partial u}\frac{du}{dt}+\frac{\partial z}{\partial v}\frac{dv}{dt}+\frac{\partial z}{\partial w}\frac{dw}{dt}. \tag{8-2}$$

式(8-1)和式(8-2)中 $\frac{dz}{dt}$ 称为全导数.

8.4.2 多元函数与多元函数复合的情形

定理 8-5 如果函数 $u=\varphi(x,y)$,$v=\psi(x,y)$ 都在点 (x,y) 具有对 x 及对 y 的偏导数,函数 $z=f(u,v)$ 在对应点 (u,v) 具有连续偏导数,则复合函数 $z=f[\varphi(x,y),\psi(x,y)]$ 在点 (x,y) 的两个偏导数存在,且有 $\frac{\partial z}{\partial x}=\frac{\partial z}{\partial u}\frac{\partial u}{\partial x}+\frac{\partial z}{\partial v}\frac{\partial v}{\partial x}$,$\frac{\partial z}{\partial y}=\frac{\partial z}{\partial u}\frac{\partial u}{\partial y}+\frac{\partial z}{\partial v}\frac{\partial v}{\partial y}$.

可将定理 8-5 推广到中间变量多于两个的情形。例如，设 $z = f(u, v, w)$，$u = \varphi(x, y)$，$v = \psi(x, y)$，$w = \omega(x, y)$，则在与定理 8-5 相似的条件下，复合函数 $z = [\varphi(x, y), \psi(x, y), \omega(x, y)]$ 在点 (x, y) 可偏导，且其偏导数可由下式计算：

$$\frac{\partial z}{\partial x} = \frac{\partial z}{\partial u}\frac{\partial u}{\partial x} + \frac{\partial z}{\partial v}\frac{\partial v}{\partial x} + \frac{\partial z}{\partial w}\frac{\partial w}{\partial x}, \quad \frac{\partial z}{\partial y} = \frac{\partial z}{\partial u}\frac{\partial u}{\partial y} + \frac{\partial z}{\partial v}\frac{\partial v}{\partial y} + \frac{\partial z}{\partial w}\frac{\partial w}{\partial y}.$$

8.4.3 其他情形

定理 8-6 如果函数 $u = \varphi(x, y)$ 在点 (x, y) 具有对 x 及对 y 的偏导数，函数 $v = \psi(y)$ 在点 y 可导，函数 $z = f(u, v)$ 在对应点 (u, v) 具有连续偏导数，则复合函数 $z = f[\varphi(x, y), \psi(y)]$ 在点 (x, y) 的两个偏导数存在，且有 $\frac{\partial z}{\partial x} = \frac{\partial z}{\partial u}\frac{\partial u}{\partial x}$，$\frac{\partial z}{\partial y} = \frac{\partial z}{\partial u}\frac{\partial u}{\partial y} + \frac{\partial z}{\partial v}\frac{dv}{dy}$。

复合函数的某些中间变量本身又是复合函数的自变量．例如，设 $z = f(u, x, y)$ 具有连续偏导数，而 $u = \varphi(x, y)$ 具有偏导数，则复合函数 $z = f[\varphi(x, y), x, y]$ 可看作 $v = x$，$w = y$ 的特殊情形．此时

$$\frac{\partial v}{\partial x} = 1, \quad \frac{\partial v}{\partial y} = 0, \quad \frac{\partial w}{\partial x} = 0, \quad \frac{\partial w}{\partial y} = 1,$$

所以复合函数 $z = f[\varphi(x, y), x, y]$ 具有对 x 及对 y 的偏导数，得

$$\frac{\partial z}{\partial x} = \frac{\partial f}{\partial u}\frac{\partial u}{\partial x} + \frac{\partial f}{\partial x}, \quad \frac{\partial z}{\partial y} = \frac{\partial f}{\partial u}\frac{\partial u}{\partial y} + \frac{\partial f}{\partial y}.$$

注 这里 $\frac{\partial z}{\partial x}$ 与 $\frac{\partial f}{\partial x}$ 的含义是不同的，$\frac{\partial z}{\partial x}$ 是把复合函数 $z = f[\varphi(x, y), x, y]$ 中的 y 看作不变而对 x 的偏导数，$\frac{\partial f}{\partial x}$ 是把 $f(u, x, y)$ 中的 u 及 y 看作不变而对 x 的偏导数．$\frac{\partial z}{\partial y}$ 与 $\frac{\partial f}{\partial y}$ 也有类似的区别．

例 8-23 设 $z = uv + \sin t$，而 $u = e^t$，$v = \cos t$．求全导数 $\frac{dz}{dt}$．

解 $\frac{dz}{dt} = \frac{\partial z}{\partial u} \cdot \frac{du}{dt} + \frac{\partial z}{\partial v} \cdot \frac{dv}{dt} + \frac{\partial z}{\partial t}$

$= ve^t + u(-\sin t) + \cos t = e^t \cos t - e^t \sin t + \cos t = e^t(\cos t - \sin t) + \cos t$．

例 8-24 设 $z = e^u \sin v$，$u = xy$，$v = x + y$，求 $\frac{\partial z}{\partial x}$ 和 $\frac{\partial z}{\partial y}$．

解 $\frac{\partial z}{\partial x} = \frac{\partial z}{\partial u}\frac{\partial u}{\partial x} + \frac{\partial z}{\partial v}\frac{\partial v}{\partial x} = e^u \sin v \cdot y + e^u \cos v \times 1 = e^{xy}[y \sin(x+y) + \cos(x+y)]$，

$\frac{\partial z}{\partial y} = \frac{\partial z}{\partial u}\frac{\partial u}{\partial y} + \frac{\partial z}{\partial v}\frac{\partial v}{\partial y} = e^u \sin v \cdot x + e^u \cos v \times 1 = e^{xy}[x \sin(x+y) + \cos(x+y)]$．

例 8-25 设 $u = f(x,y,z) = e^{x^2+y^2+z^2}$，而 $z = x^2 \sin y$. 求 $\dfrac{\partial u}{\partial x}$ 和 $\dfrac{\partial u}{\partial y}$.

解 $\dfrac{\partial u}{\partial x} = \dfrac{\partial f}{\partial x} + \dfrac{\partial f}{\partial z}\dfrac{\partial z}{\partial x} = 2xe^{x^2+y^2+z^2} + 2ze^{x^2+y^2+z^2} \cdot 2x\sin y$

$= 2x(1 + 2x^2\sin^2 y)e^{x^2+y^2+x^4\sin^2 y}$.

$\dfrac{\partial u}{\partial y} = \dfrac{\partial f}{\partial y} + \dfrac{\partial f}{\partial z}\dfrac{\partial z}{\partial y} = 2ye^{x^2+y^2+z^2} + 2ze^{x^2+y^2+z^2} \cdot x^2\cos y$

$= 2(y + x^4\sin y \cos y)e^{x^2+y^2+x^4\sin^2 y}$.

例 8-26 设 $w = f(x+y+z, xyz)$，f 具有二阶连续偏导数，求 $\dfrac{\partial w}{\partial x}$ 及 $\dfrac{\partial^2 w}{\partial x \partial z}$.

解 令 $u = x+y+z$，$v = xyz$，则 $w = f(u,v)$.

为表达简单起见，引入下列记号：$f_1' = \dfrac{\partial f(u,v)}{\partial u}$，$f_2' = \dfrac{\partial f(u,v)}{\partial v}$，$f_{12}'' = \dfrac{\partial^2 f(u,v)}{\partial u \partial v}$；同理有 f_2'，f_{11}''，f_{22}'' 等.

$\dfrac{\partial w}{\partial x} = \dfrac{\partial f}{\partial u}\dfrac{\partial u}{\partial x} + \dfrac{\partial f}{\partial v}\dfrac{\partial v}{\partial x} = f_1' + yzf_2'$，$\dfrac{\partial^2 w}{\partial x \partial z} = \dfrac{\partial}{\partial z}(f_1' + yzf_2') = \dfrac{\partial f_1'}{\partial z} + yf_2' + yz\dfrac{\partial f_2'}{\partial z}$.

在求 $\dfrac{\partial f_1'}{\partial z}$ 和 $\dfrac{\partial f_2'}{\partial z}$ 时要注意 $f_1'(u,v)$ 和 $f_2'(u,v)$ 中 u、v 是中间变量，u 和 v 又是 x、y、z 的函数，所以两者都是复合函数，根据复合函数的求导法则，有

$\dfrac{\partial f_1'}{\partial z} = \dfrac{\partial f_1'}{\partial u}\dfrac{\partial u}{\partial z} + \dfrac{\partial f_1'}{\partial v}\dfrac{\partial v}{\partial z} = f_{11}'' + xyf_{12}''$，$\dfrac{\partial f_2'}{\partial z} = \dfrac{\partial f_2'}{\partial u}\dfrac{\partial u}{\partial z} + \dfrac{\partial f_2'}{\partial v}\dfrac{\partial v}{\partial z} = f_{21}'' + xyf_{22}''$.

因为 f 具有二阶连续偏导数，所以 $f_{12}'' = f_{21}''$. 于是

$\dfrac{\partial^2 w}{\partial x \partial z} = f_{11}'' + xyf_{12}'' + yf_2' + yzf_{21}'' + xy^2zf_{22}'' = f_{11}'' + y(x+z)f_{12}'' + yf_2' + xy^2zf_{22}''$.

8.5　隐函数的求导法则

8.5.1　一个方程的情形

在第 2 章中已经提出了隐函数的概念，并且介绍了不经过显化直接由方程

$$F(x,y) = 0 \tag{8-3}$$

求该方程所确定的隐函数的导数的方法. 现在介绍隐函数存在定理，并根据多元复合函数的求导法推导出隐函数的求导公式.

定理 8-7　隐函数存在定理　设函数 $F(x,y)$ 在点 $P(x_0, y_0)$ 的某个邻域内具有连续偏导数，

$F(x_0, y_0) = 0$，$F_y(x_0, y_0) \neq 0$，则方程 $F(x, y) = 0$ 在点 (x_0, y_0) 的某个邻域内恒能唯一确定一个连续且具有连续导数的函数 $y = f(x)$，它满足条件 $y_0 = f(x_0)$，并有

$$\frac{dy}{dx} = -\frac{F_x}{F_y}. \tag{8-4}$$

上述定理关于隐函数的存在性不证，下面仅给出式（8-4）的推导过程.

将 $y = f(x)$ 代入公式（8-3）中得恒等式 $F(x, f(x)) \equiv 0$，等式两边对 x 求导得 $\frac{\partial F}{\partial x} + \frac{\partial F}{\partial y} \cdot \frac{dy}{dx} = 0$，

即 $F_x + F_y \cdot \frac{dy}{dx} = 0$，求导时要注意等式左边可以看作是 x 的复合函数.

由于 F_y 连续，且 $F_y(x_0, y_0) \neq 0$，所以存在 (x_0, y_0) 的一个邻域，在这个邻域内 $F_y \neq 0$，于是得

$$\frac{dy}{dx} = -\frac{F_x}{F_y}.$$

如果 $F(x, y)$ 的二阶偏导数也存在且连续，则可以将式（8-4）两端看作 x 的复合函数，再一次求导，得

$$\frac{d^2 y}{dx^2} = -\frac{\frac{\partial F_x}{\partial x} \cdot F_y - F_x \cdot \frac{\partial F_y}{\partial x}}{F_y^2} = -\frac{\left(F_{xx} + F_{xy} \cdot \frac{dy}{dx}\right) \cdot F_y - F_x \cdot \left(F_{yx} + F_{yy} \cdot \frac{dy}{dx}\right)}{F_y^2}$$

$$= -\frac{F_{xx} F_y^2 - 2 F_{xy} F_x F_y + F_{yy} F_x^2}{F_y^3}.$$

例 8-27 验证方程 $x^2 + y^2 - 1 = 0$ 在点 $(0, 1)$ 的某一邻域内能唯一确定一个有连续导数且当 $x = 0$ 时 $y = 1$ 的隐函数 $y = f(x)$，并求该函数的一阶与二阶导数在 $x = 0$ 的值.

解 设 $F(x, y) = x^2 + y^2 - 1$，则 $F_x = 2x, F_y = 2y$，$F(0, 1) = 0$，$F_y(0, 1) = 2 \neq 0$. 因此，由定理 8-7 可知，方程 $x^2 + y^2 - 1 = 0$ 在点 $(0, 1)$ 的某一邻域内能唯一确定一个有连续导数且当 $x = 0$ 时，$y = 1$ 的隐函数 $y = f(x)$. 此时，$\frac{dy}{dx} = -\frac{F_x}{F_y} = -\frac{x}{y}$，$\left.\frac{dy}{dx}\right|_{x=0} = 0$，

$$\frac{d^2 y}{dx^2} = -\frac{y - xy'}{y^2} = -\frac{y - x\left(-\frac{x}{y}\right)}{y^2} = -\frac{y^2 + x^2}{y^3} = -\frac{1}{y^3}, \quad \left.\frac{d^2 y}{dx^2}\right|_{x=0} = -1.$$

一个二元方程 $F(x, y) = 0$ 在满足一定条件的前提下可以确定一个一元隐函数，一个三元方程 $F(x, y, z) = 0$ 在满足一定条件的前提下可以确定一个二元隐函数.

定理 8-8　隐函数存在定理　设函数 $F(x, y, z)$ 在点 $P(x_0, y_0, z_0)$ 的某个邻域内具有连续的偏导数，且 $F(x_0, y_0, z_0) = 0$，$F_z(x_0, y_0, z_0) \neq 0$，则方程 $F(x, y, z) = 0$ 在点 (x_0, y_0, z_0) 的某个邻域内恒能唯一确定一个连续且具有连续偏导数的函数 $z = f(x, y)$，它满足条件 $z_0 = f(x_0, y_0)$，并有

$$\frac{\partial z}{\partial x} = -\frac{F_x}{F_z}, \quad \frac{\partial z}{\partial y} = -\frac{F_y}{F_z}.$$

例 8-28 设 $e^z - xyz = 0$，求 $\dfrac{\partial z}{\partial x}$，$\dfrac{\partial z}{\partial y}$，$\dfrac{\partial^2 z}{\partial x^2}$.

解 设 $F(x, y, z) = e^z - xyz$，则 $F_x = -yz$，$F_y = -xz$，$F_z = e^z - xy$. 因此

$$\frac{\partial z}{\partial x} = -\frac{F_x}{F_z} = \frac{yz}{e^z - xy}, \quad \frac{\partial z}{\partial y} = -\frac{F_y}{F_z} = \frac{xz}{e^z - xy},$$

$$\frac{\partial^2 z}{\partial x^2} = \frac{\partial}{\partial x}\left(\frac{yz}{e^z - xy}\right) = \frac{y\dfrac{\partial z}{\partial x}(e^z - xy) - yz\left(e^z \dfrac{\partial z}{\partial x} - y\right)}{(e^z - xy)^2}$$

$$= \frac{y^2 z - yz\left(e^z \dfrac{yz}{e^z - xy} - y\right)}{(e^z - xy)^2} = \frac{y^2 z(2e^z - 2xy - ze^z)}{(e^z - xy)^3}.$$

8.5.2 方程组的情形

在一定条件下，由方程组 $F(x, y, u, v) = 0$，$G(x, y, u, v) = 0$ 可以确定一对二元函数 $u = u(x, y)$，$v = v(x, y)$. 例如，方程 $xu - yv = 0$ 和 $yu + xv = 1$ 可以确定两个二元函数 $u = \dfrac{y}{x^2 + y^2}$，$v = \dfrac{x}{x^2 + y^2}$.

下面将讨论如何不经过隐函数显化，直接根据原方程组求偏导数.

定理 8-9 隐函数存在定理 设 $F(x, y, u, v)$、$G(x, y, u, v)$ 在点 $P(x_0, y_0, u_0, v_0)$ 的某一邻域内具有对各个变量的连续偏导数，又 $F(x_0, y_0, u_0, v_0) = 0$，$G(x_0, y_0, u_0, v_0) = 0$，且偏导数所组成的函数行列式：$J = \dfrac{\partial(F, G)}{\partial(u, v)} = \begin{vmatrix} \dfrac{\partial F}{\partial u} & \dfrac{\partial F}{\partial v} \\ \dfrac{\partial G}{\partial u} & \dfrac{\partial G}{\partial v} \end{vmatrix}$ 在点 $P(x_0, y_0, u_0, v_0)$ 不等于零，则方程组 $F(x, y, u, v) = 0$，$G(x, y, u, v) = 0$ 在点 $P(x_0, y_0, u_0, v_0)$ 的某一邻域内恒能唯一确定一组连续且具有连续偏导数的函数 $u = u(x, y)$，$v = v(x, y)$，它们满足条件 $u_0 = u(x_0, y_0)$，$v_0 = v(x_0, y_0)$，并有

$$\frac{\partial u}{\partial x} = -\frac{1}{J}\frac{\partial(F, G)}{\partial(x, v)} = -\frac{\begin{vmatrix} F_x & F_v \\ G_x & G_v \end{vmatrix}}{\begin{vmatrix} F_u & F_v \\ G_u & G_v \end{vmatrix}}, \quad \frac{\partial v}{\partial x} = -\frac{1}{J}\frac{\partial(F, G)}{\partial(u, x)} = -\frac{\begin{vmatrix} F_u & F_x \\ G_u & G_x \end{vmatrix}}{\begin{vmatrix} F_u & F_v \\ G_u & G_v \end{vmatrix}},$$

$$\frac{\partial u}{\partial y} = -\frac{1}{J}\frac{\partial(F, G)}{\partial(y, v)} = -\frac{\begin{vmatrix} F_y & F_v \\ G_y & G_v \end{vmatrix}}{\begin{vmatrix} F_u & F_v \\ G_u & G_v \end{vmatrix}}, \quad \frac{\partial v}{\partial y} = -\frac{1}{J}\frac{\partial(F, G)}{\partial(u, y)} = -\frac{\begin{vmatrix} F_u & F_y \\ G_u & G_y \end{vmatrix}}{\begin{vmatrix} F_u & F_v \\ G_u & G_v \end{vmatrix}}.$$

例 8-29 设 $xu - yv = 0$，$yu + xv = 1$，求 $\dfrac{\partial u}{\partial x}$，$\dfrac{\partial v}{\partial x}$，$\dfrac{\partial u}{\partial y}$ 和 $\dfrac{\partial v}{\partial y}$.

解 两个方程两边分别对 x 求偏导，得到关于 $\dfrac{\partial u}{\partial x}$ 和 $\dfrac{\partial v}{\partial x}$ 的方程组 $\begin{cases} u + x\dfrac{\partial u}{\partial x} - y\dfrac{\partial v}{\partial x} = 0 \\ y\dfrac{\partial u}{\partial x} + v + x\dfrac{\partial v}{\partial x} = 0 \end{cases}$，即

$\begin{cases} x\dfrac{\partial u}{\partial x} - y\dfrac{\partial v}{\partial x} = -u \\ y\dfrac{\partial u}{\partial x} + x\dfrac{\partial v}{\partial x} = -v \end{cases}$，当 $x^2+y^2 \neq 0$ 时，解得 $\dfrac{\partial u}{\partial x} = \dfrac{\begin{vmatrix} -u & -y \\ -v & x \end{vmatrix}}{\begin{vmatrix} x & -y \\ y & x \end{vmatrix}} = -\dfrac{xu+yv}{x^2+y^2}$，$\dfrac{\partial v}{\partial x} = \dfrac{\begin{vmatrix} x & -u \\ y & -v \end{vmatrix}}{\begin{vmatrix} x & -y \\ y & x \end{vmatrix}} = \dfrac{yu-xv}{x^2+y^2}$.

两个方程两边分别对 y 求偏导，得到关于 $\dfrac{\partial u}{\partial y}$ 和 $\dfrac{\partial v}{\partial y}$ 的方程组 $\begin{cases} x\dfrac{\partial u}{\partial y} - v - y\dfrac{\partial v}{\partial y} = 0 \\ u + y\dfrac{\partial u}{\partial y} + x\dfrac{\partial v}{\partial y} = 0 \end{cases}$，即

$\begin{cases} x\dfrac{\partial u}{\partial y} - y\dfrac{\partial v}{\partial y} = v \\ y\dfrac{\partial u}{\partial y} + x\dfrac{\partial v}{\partial y} = -u \end{cases}$，当 $x^2+y^2 \neq 0$ 时，用同样的方法解得 $\dfrac{\partial u}{\partial y} = \dfrac{xv-yu}{x^2+y^2}$，$\dfrac{\partial v}{\partial y} = -\dfrac{xu+yv}{x^2+y^2}$.

8.6 多元函数微分学的几何应用

8.6.1 空间曲线的切线与法平面

设空间曲线 Γ 的参数方程为 $\begin{cases} x = \varphi(t) \\ y = \psi(t) \\ z = \omega(t) \end{cases}$ $t \in [\alpha, \beta]$，这里假定 $\varphi(t)$，$\psi(t)$，$\omega(t)$ 都在 $[\alpha, \beta]$ 上可导，且 3 个导数不同时为零.

在曲线 Γ 上取对应于 $t = t_0$ 的一点 $M_0(x_0, y_0, z_0)$ 及对应于 $t = t_0 + \Delta t$ 的邻近一点 $M(x_0+\Delta x, y_0+\Delta y, z_0+\Delta z)$. 作曲线的割线 MM_0，其方程为 $\dfrac{x-x_0}{\Delta x} = \dfrac{y-y_0}{\Delta y} = \dfrac{z-z_0}{\Delta z}$.

当点 M 沿曲线 Γ 趋于点 M_0 时，割线 MM_0 的极限位置就是曲线在点 M_0 处的**切线**. 上式两边分母同除以 Δt，有 $\dfrac{x-x_0}{\frac{\Delta x}{\Delta t}} = \dfrac{y-y_0}{\frac{\Delta y}{\Delta t}} = \dfrac{z-z_0}{\frac{\Delta z}{\Delta t}}$.

当 $M \to M_0$，即 $\Delta t \to 0$ 时，得曲线在点 M_0 处的切线方程为 $\dfrac{x-x_0}{\varphi'(t_0)} = \dfrac{y-y_0}{\psi'(t_0)} = \dfrac{z-z_0}{\omega'(t_0)}$.

曲线的切向量 向量 $\boldsymbol{T} = (\varphi'(t_0), \psi'(t_0), \omega'(t_0))$ 称为曲线 Γ 在点 M_0 处的**切向量**. 切向量可以看作曲线 Γ 在点 M_0 处的方向向量.

法平面 通过点 M_0 而与切线垂直的平面称为曲线 $\varGamma$ 在点 M_0 处的**法平面**. 由上述讨论, 法平面方程为 $\varphi'(t_0)(x-x_0)+\psi'(t_0)(y-y_0)+\omega'(t_0)(z-z_0)=0$.

例 8-30 求曲线 $x=t$, $y=t^2$, $z=t^3$ 在点 $(1,1,1)$ 处的切线及法平面方程.

解 点 $(1,1,1)$ 所对应的参数 $t=1$. 又因为 $x'_t=1$, $y'_t=2t$, $z'_t=3t^2$, 所以点 $(1,1,1)$ 处的一个切向量为 $\boldsymbol{T}=(1,2,3)$. 于是, 点 $(1,1,1)$ 处的切线方程为 $\dfrac{x-1}{1}=\dfrac{y-1}{2}=\dfrac{z-1}{3}$, 法平面方程为 $(x-1)+2(y-1)+3(z-1)=0$, 即 $x+2y+3z=6$.

下面讨论空间曲线 $\varGamma$ 的方程以另外两种形式给出的情形.

(1) 若空间曲线 $\varGamma$ 的方程为 $\begin{cases} y=\varphi(x) \\ z=\psi(x) \end{cases}$, 则 $\varGamma$ 的参数方程形式为 $\begin{cases} x=x \\ y=\varphi(x) \\ z=\psi(x) \end{cases}$.

若 $\varphi(x)$, $\psi(x)$ 都在 $x=x_0$ 处可导, 则曲线在点 (x_0,y_0,z_0) 处的切向量为
$$\boldsymbol{T}=(1,\varphi'(x_0),\psi'(x_0)).$$

所以, 曲线 $\varGamma$ 在点 M_0 处的切线方程为 $\dfrac{x-x_0}{1}=\dfrac{y-y_0}{\varphi'(x_0)}=\dfrac{z-z_0}{\psi'(x_0)}$.

曲线 $\varGamma$ 在点 M_0 处的法平面方程为
$$(x-x_0)+\varphi'(x_0)(y-y_0)+\psi'(x_0)(z-z_0)=0.$$

(2) 若空间曲线 $\varGamma$ 的方程为 $\begin{cases} F(x,y,z)=0 \\ G(x,y,z)=0 \end{cases}$, 点 $M(x_0,y_0,z_0)$ 是曲线 $\varGamma$ 上的一点. F、G 具有对各个变量的连续偏导数, 且 $\left.\dfrac{\partial(F,G)}{\partial(y,z)}\right|_M \neq 0$, 则方程组在点 $M(x_0,y_0,z_0)$ 的某个邻域内确定了一组隐函数 $y=\varphi(x)$, $z=\psi(x)$.

方程组两边对 x 求导, 得 $\begin{cases} F_x+F_y\dfrac{\mathrm{d}y}{\mathrm{d}x}+F_z\dfrac{\mathrm{d}z}{\mathrm{d}x}=0 \\ G_x+G_y\dfrac{\mathrm{d}y}{\mathrm{d}x}+G_z\dfrac{\mathrm{d}z}{\mathrm{d}x}=0 \end{cases}$.

由假设, 在点 $M(x_0,y_0,z_0)$ 的某个邻域内 $\dfrac{\partial(F,G)}{\partial(y,z)}\neq 0$, 由此解得

$$\dfrac{\mathrm{d}y}{\mathrm{d}x}=\dfrac{\begin{vmatrix} -F_x & F_z \\ -G_x & G_z \end{vmatrix}}{\begin{vmatrix} F_y & F_z \\ G_y & G_z \end{vmatrix}}=\dfrac{\begin{vmatrix} F_z & F_x \\ G_z & G_x \end{vmatrix}}{\begin{vmatrix} F_y & F_z \\ G_y & G_z \end{vmatrix}}=\dfrac{\dfrac{\partial(F,G)}{\partial(z,x)}}{\dfrac{\partial(F,G)}{\partial(y,z)}}, \quad \dfrac{\mathrm{d}z}{\mathrm{d}x}=\dfrac{\begin{vmatrix} F_y & -F_x \\ G_y & -G_x \end{vmatrix}}{\begin{vmatrix} F_y & F_z \\ G_y & G_z \end{vmatrix}}=\dfrac{\begin{vmatrix} F_x & F_y \\ G_x & G_y \end{vmatrix}}{\begin{vmatrix} F_y & F_z \\ G_y & G_z \end{vmatrix}}=\dfrac{\dfrac{\partial(F,G)}{\partial(x,y)}}{\dfrac{\partial(F,G)}{\partial(y,z)}}.$$

切向量 $\boldsymbol{T}=(1,\varphi'(x_0),\psi'(x_0))$ 乘 $\left.\dfrac{\partial(F,G)}{\partial(y,z)}\right|_M$ 得

$$\boldsymbol{T}_1=\left(\left.\dfrac{\partial(F,G)}{\partial(y,z)}\right|_M, \left.\dfrac{\partial(F,G)}{\partial(z,x)}\right|_M, \left.\dfrac{\partial(F,G)}{\partial(x,y)}\right|_M\right).$$

T_1 也是点 $M(x_0, y_0, z_0)$ 处的一个切向量. 则曲线 Γ 在点 M_0 处的切线方程为

$$\frac{x-x_0}{\left.\frac{\partial(F,G)}{\partial(y,z)}\right|_M} = \frac{y-y_0}{\left.\frac{\partial(F,G)}{\partial(z,x)}\right|_M} = \frac{z-z_0}{\left.\frac{\partial(F,G)}{\partial(x,y)}\right|_M}.$$

曲线 Γ 在点 M_0 处的法平面方程为

$$\left.\frac{\partial(F,G)}{\partial(y,z)}\right|_M (x-x_0) + \left.\frac{\partial(F,G)}{\partial(z,x)}\right|_M (y-y_0) + \left.\frac{\partial(F,G)}{\partial(x,y)}\right|_M (z-z_0) = 0.$$

例 8-31 求曲线 $x^2 + y^2 + z^2 = 6$，$x + y + z = 0$ 在点 $(1, -2, 1)$ 处的切线及法平面方程.

解 为求切向量，将所给方程的两边对 x 求导数，得

$$\begin{cases} 2x + 2y\dfrac{dy}{dx} + 2z\dfrac{dz}{dx} = 0 \\ 1 + \dfrac{dy}{dx} + \dfrac{dz}{dx} = 0 \end{cases} \Rightarrow \begin{cases} 2y\dfrac{dy}{dx} + 2z\dfrac{dz}{dx} = -2x \\ \dfrac{dy}{dx} + \dfrac{dz}{dx} = -1 \end{cases}.$$

解方程组得 $\dfrac{dy}{dx} = \dfrac{z-x}{y-z}$，$\dfrac{dz}{dx} = \dfrac{x-y}{y-z}$.

在点 $(1, -2, 1)$ 处，$\dfrac{dy}{dx} = 0$，$\dfrac{dz}{dx} = -1$，从而点 $(1, -2, 1)$ 处的切向量为 $\boldsymbol{T} = (1, 0, -1)$.

点 $(1, -2, 1)$ 处的切线方程为 $\dfrac{x-1}{1} = \dfrac{y+2}{0} = \dfrac{z-1}{-1}$.

点 $(1, -2, 1)$ 处的法平面方程为 $1 \times (x-1) + 0 \times (y+2) + (-1) \times (z-1) = 0$，即 $x - z = 0$.

8.6.2 曲面的切平面与法线

设空间曲面 Σ 的方程为 $F(x, y, z) = 0$，$M_0(x_0, y_0, z_0)$ 是曲面 Σ 上的一点，并设函数 $F(x, y, z)$ 的偏导数在该点连续且不同时为零. 在曲面 Σ 上通过点 M_0 任意引一条曲线 Γ，假定曲线 Γ 的参数方程为 $x = \varphi(t)$，$y = \psi(t)$，$z = \omega(t)$，$(\alpha \leqslant t \leqslant \beta)$，$t = t_0$ 对应于点 $M_0(x_0, y_0, z_0)$ 且 $\varphi'(t_0)$，$\psi'(t_0)$，$\omega'(t_0)$ 不全为零.

曲线在点 M_0 处的切向量为 $\boldsymbol{T} = (\varphi'(t_0), \psi'(t_0), \omega'(t_0))$.

曲线 Γ 在点 M_0 处的切线方程为 $\dfrac{x-x_0}{\varphi'(t_0)} = \dfrac{y-y_0}{\psi'(t_0)} = \dfrac{z-z_0}{\omega'(t_0)}$.

下面证明：在曲面 Σ 上通过点 M_0 且在点 M_0 处具有切线的任何曲线，它们在点 M_0 处的切线在同一个平面上.

因为曲线 Γ 在曲面 Σ 上，所以有恒等式 $F[\varphi(t), \psi(t), \omega(t)] = 0$.

又因为 $F(x, y, z)$ 在点 M_0 处有连续偏导数，$\varphi'(t_0)$，$\psi'(t_0)$，$\omega'(t_0)$ 存在，则上式左边关于 t 的复合函数在 $t = t_0$ 处有全导数，且该全导数为零，$\left.\dfrac{d}{dt}F[\varphi(t), \psi(t), \omega(t)]\right|_{t=t_0} = 0$.

根据复合函数求导法则，有

$$F_x(x_0, y_0, z_0)\varphi'(t_0) + F_y(x_0, y_0, z_0)\psi'(t_0) + F_z(x_0, y_0, z_0)\omega'(t_0) = 0.$$

引入向量 $\boldsymbol{n} = (F_x(x_0, y_0, z_0), F_y(x_0, y_0, z_0), F_z(x_0, y_0, z_0))$，则 $\boldsymbol{T} = (\varphi'(t_0), \psi'(t_0), \omega'(t_0))$ 与 $\boldsymbol{n}$ 是垂直的. 因为曲线 Γ 是曲面 Σ 上通过点 M_0 的任意一条曲线，它们在点 M_0 的切线都与同一向量 $\boldsymbol{n}$ 垂直，所以曲面上通过点 M_0 的一切曲线在点 M_0 的切线都在同一个平面上. 这个平面称为曲面 Σ 在点 M_0 的**切平面**. 该切平面的方程为

$$F_x(x_0, y_0, z_0)(x - x_0) + F_y(x_0, y_0, z_0)(y - y_0) + F_z(x_0, y_0, z_0)(z - z_0) = 0.$$

曲面的法线 通过点 $M_0(x_0, y_0, z_0)$ 且垂直于切平面的直线称为曲面在该点的**法线**. 法线方程为

$$\frac{x - x_0}{F_x(x_0, y_0, z_0)} = \frac{y - y_0}{F_y(x_0, y_0, z_0)} = \frac{z - z_0}{F_z(x_0, y_0, z_0)}.$$

曲面的法向量 垂直于曲面上切平面的向量称为曲面的**法向量**. 向量

$$\boldsymbol{n} = (F_x(x_0, y_0, z_0), F_y(x_0, y_0, z_0), F_z(x_0, y_0, z_0))$$

就是曲面 Σ 在点 M_0 处的一个法向量.

例 8-32 求球面 $x^2 + y^2 + z^2 = 14$ 在点 $(1, 2, 3)$ 处的切平面及法线方程.

解 令 $F(x, y, z) = x^2 + y^2 + z^2 - 14$，则 $F_x = 2x$，$F_y = 2y$，$F_z = 2z$，$F_x(1, 2, 3) = 2$，$F_y(1, 2, 3) = 4$，$F_z(1, 2, 3) = 6$.

点 $(1, 2, 3)$ 处的一个法向量为 $\boldsymbol{n} = (2, 4, 6)$ 或 $\boldsymbol{n} = (1, 2, 3)$.

所求切平面方程为 $2(x - 1) + 4(y - 2) + 6(z - 3) = 0$，即 $x + 2y + 3z - 14 = 0$.

法线方程为 $\dfrac{x - 1}{1} = \dfrac{y - 2}{2} = \dfrac{z - 3}{3}$.

下面讨论若曲面方程为 $z = f(x, y)$，在曲面上一点 $M_0(x_0, y_0, z_0)$ 处曲面的切平面及法线方程形式.

令 $F(x, y, z) = f(x, y) - z$. 则 $F_x = f_x(x, y), F_y = f_y(x, y), F_z = -1$.

当函数 $f(x, y)$ 的偏导数 $f_x(x_0, y_0)$，$f_y(x_0, y_0)$ 在点 $M_0(x_0, y_0, z_0)$ 处连续时，曲面在点 $M_0(x_0, y_0, z_0)$ 处的一个法向量为 $\boldsymbol{n} = (f_x(x_0, y_0), f_y(x_0, y_0), -1)$.

曲面在点 $M_0(x_0, y_0, z_0)$ 处的切平面方程为

$$f_x(x_0, y_0)(x - x_0) + f_y(x_0, y_0)(y - y_0) - (z - z_0) = 0,$$

或

$$z - z_0 = f_x(x_0, y_0)(x - x_0) + f_y(x_0, y_0)(y - y_0).$$

法线方程为

$$\frac{x - x_0}{f_x(x_0, y_0)} = \frac{y - y_0}{f_y(x_0, y_0)} = \frac{z - z_0}{-1}.$$

如果 α、β 和 γ 分别表示法向量 $\boldsymbol{n}$ 的方向角，并假定法向量 $\boldsymbol{n}$ 的方向是向上的，即 $\boldsymbol{n}$ 与 z 轴的夹角为锐角，将 $f_x(x_0, y_0)$，$f_y(x_0, y_0)$ 分别简记为 f_x，f_y，则法向量的方向余弦为

$$\cos\alpha = \frac{-f_x}{\sqrt{1 + f_x^2 + f_y^2}}, \quad \cos\beta = \frac{-f_y}{\sqrt{1 + f_x^2 + f_y^2}}, \quad \cos\gamma = \frac{1}{\sqrt{1 + f_x^2 + f_y^2}}.$$

例 8-33 求抛物面 $z = 2x^2 + y^2 - 3$ 在点 $(1, 2, 3)$ 处的切平面及法线方程.

解 令 $F(x, y) = 2x^2 + y^2 - 3$，则曲面上点 (x, y, z) 处的法向量为

$$\boldsymbol{n} = (F_x, F_y, -1) = (4x, 2y, -1)，\quad \boldsymbol{n}|_{(1,2,3)} = (4, 4, -1).$$

所以在点 $(1, 2, 3)$ 处的切平面方程为

$$4(x-1) + 4(y-2) - (z-3) = 0，即 4x + 4y - z - 9 = 0.$$

法线方程为 $\dfrac{x-1}{4} = \dfrac{y-2}{4} = \dfrac{z-3}{-1}$.

8.7 方向导数与梯度

偏导数反映的是函数沿着坐标轴方向的变化率. 本节讨论函数 $z = f(x, y)$ 在一点沿某一方向的变化率问题.

8.7.1 方向导数

设 l 是 xOy 平面上以 $P_0(x_0, y_0)$ 为始点的一条射线，$\boldsymbol{e}_l = (\cos\alpha, \cos\beta)$（见图 8-6）是与 l 同方向的单位向量. 射线 l 的参数方程为 $\begin{cases} x = x_0 + t\cos\alpha \\ y = y_0 + t\cos\beta \end{cases}, t \geqslant 0.$

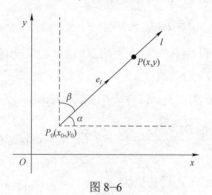

图 8-6

设函数 $z = f(x, y)$ 在点 $P_0(x_0, y_0)$ 的某个邻域 $U(P_0)$ 内有定义，$P(x_0 + t\cos\alpha, y_0 + t\cos\beta)$ 为 l 上另一点，且 $P \in U(P_0)$. 如果函数增量 $f(x_0 + t\cos\alpha, y_0 + t\cos\beta) - f(x_0, y_0)$ 与 P 到 P_0 的距离 $|PP_0| = t$ 的比值 $\dfrac{f(x_0 + t\cos\alpha, y_0 + t\cos\beta) - f(x_0, y_0)}{t}$ 当 P 沿着 l 趋于 P_0（$t \to 0^+$）时的极限存在，则称此极限为函数 $f(x, y)$ 在点 P_0 处沿方向 l 的方向导数，记作 $\dfrac{\partial f}{\partial l}\bigg|_{(x_0, y_0)}$，即

$$\dfrac{\partial f}{\partial l}\bigg|_{(x_0, y_0)} = \lim_{t \to 0^+} \dfrac{f(x_0 + t\cos\alpha, y_0 + t\cos\beta) - f(x_0, y_0)}{t}.$$

从方向导数的定义可知，方向导数 $\dfrac{\partial f}{\partial l}\bigg|_{(x_0, y_0)}$ 就是函数 $f(x, y)$ 在点 $P_0(x_0, y_0)$ 处沿方向 l 的

变化率. 设函数 $z = f(x, y)$ 在点 $P_0(x_0, y_0)$ 的偏导数存在，那么

若 $e_l = i = (1, 0)$，则 $\left.\dfrac{\partial f}{\partial l}\right|_{(x_0, y_0)} = \lim\limits_{t \to 0^+} \dfrac{f(x_0 + t, y_0) - f(x_0, y_0)}{t} = f_x(x_0, y_0)$.

若 $e_l = j = (0, 1)$，则 $\left.\dfrac{\partial f}{\partial l}\right|_{(x_0, y_0)} = \lim\limits_{t \to 0^+} \dfrac{f(x_0, y_0 + t) - f(x_0, y_0)}{t} = f_y(x_0, y_0)$.

即若函数 $z = f(x, y)$ 在点 $P_0(x_0, y_0)$ 处的偏导数存在，则函数在点 $P_0(x_0, y_0)$ 处沿 i、j 方向的方向导数存在，且分别为 $f_x(x_0, y_0)$，$f_y(x_0, y_0)$. 但反之，若 $e_l = i = (1, 0)$，$\left.\dfrac{\partial f}{\partial l}\right|_{(x_0, y_0)}$ 存在，则 $f_x(x_0, y_0)$ 未必存在. 如 $z = \sqrt{x^2 + y^2}$，在 $O(0, 0)$ 处沿 $l = i = (1, 0)$ 方向的方向导数存在且为 $\left.\dfrac{\partial z}{\partial l}\right|_{(0,0)} = \lim\limits_{t \to 0^+} \dfrac{\sqrt{t^2} - 0}{t} = \lim\limits_{t \to 0^+} \dfrac{t - 0}{t} = 1$，但是 $\left.\dfrac{\partial z}{\partial x}\right|_{(0,0)}$ 不存在.

关于方向导数的存在性及计算，有下列定理.

定理 8-10 如果函数 $z = f(x, y)$ 在点 $P_0(x_0, y_0)$ 可微分，那么函数在该点沿任一方向 l 的方向导数都存在且有 $\left.\dfrac{\partial f}{\partial l}\right|_{(x_0, y_0)} = f_x(x_0, y_0)\cos\alpha + f_y(x_0, y_0)\cos\beta$，其中 $\cos\alpha$，$\cos\beta$ 是方向 l 的方向余弦.

证 由假设，函数 $z = f(x, y)$ 在点 $P_0(x_0, y_0)$ 可微分，则

$$f(x_0 + \Delta x, y_0 + \Delta y) - f(x_0, y_0) = f_x(x_0, y_0)\Delta x + f_y(x_0, y_0)\Delta y + o(\rho), \quad \rho = \sqrt{(\Delta x)^2 + (\Delta y)^2}.$$

而点 $(x_0 + \Delta x, y_0 + \Delta y)$ 在以点 $P_0(x_0, y_0)$ 为始点的射线上，所以 $\Delta x = t\cos\alpha$，$\Delta y = t\cos\beta$，其中 $t \geq 0$. $\rho = \sqrt{(\Delta x)^2 + (\Delta y)^2} = t$. 故

$$f(x_0 + t\cos\alpha, y_0 + t\cos\beta) - f(x_0, y_0) = f_x(x_0, y_0)t\cos\alpha + f_y(x_0, y_0)t\cos\beta + o(t),$$

所以 $\lim\limits_{t \to 0^+} \dfrac{f(x_0 + t\cos\alpha, y_0 + t\cos\beta) - f(x_0, y_0)}{t} = f_x(x_0, y_0)\cos\alpha + f_y(x_0, y_0)\cos\beta$.

这就证明了方向导数的存在，且其值为 $\left.\dfrac{\partial f}{\partial l}\right|_{(x_0, y_0)} = f_x(x_0, y_0)\cos\alpha + f_y(x_0, y_0)\cos\beta$.

例 8-34 求函数 $z = x^2 \ln y$ 在点 $P(2, 2)$ 处沿从点 $P(2, 2)$ 到点 $Q(3, 1)$ 的方向的方向导数.

解 这里方向 l 即向量 $\overrightarrow{PQ} = (1, -1)$ 的方向，与 l 同向的单位向量为 $e_l = \left(\dfrac{1}{\sqrt{2}}, -\dfrac{1}{\sqrt{2}}\right)$.

因函数可微分，且 $\left.\dfrac{\partial z}{\partial x}\right|_{(2,2)} = 2x\ln y\bigg|_{(2,2)} = 4\ln 2$，$\left.\dfrac{\partial z}{\partial y}\right|_{(2,2)} = \dfrac{x^2}{y}\bigg|_{(2,2)} = 2$，

故所求的方向导数为 $\left.\dfrac{\partial z}{\partial l}\right|_{(2,2)} = 4\ln 2 \times \dfrac{1}{\sqrt{2}} + 2 \times \left(-\dfrac{1}{\sqrt{2}}\right) = \sqrt{2}(2\ln 2 - 1)$.

方向导数的概念可以推广至三元及以上的函数的情形. 对于三元函数 $f(x, y, z)$ 来说，它在空间一点 $P_0(x_0, y_0, z_0)$ 沿 $e_l = (\cos\alpha, \cos\beta, \cos\gamma)$ 的方向导数为

$$\left.\frac{\partial f}{\partial l}\right|_{(x_0,y_0,z_0)} = \lim_{t \to 0^+} \frac{f(x_0+t\cos\alpha, y_0+t\cos\beta, z_0+t\cos\gamma) - f(x_0,y_0,z_0)}{t}.$$

如果函数 $f(x,y,z)$ 在点 (x_0,y_0,z_0) 可微分，则函数在该点沿着方向 $\boldsymbol{e}_l = (\cos\alpha, \cos\beta, \cos\gamma)$ 的方向导数为

$$\left.\frac{\partial f}{\partial l}\right|_{(x_0,y_0,z_0)} = f_x(x_0,y_0,z_0)\cos\alpha + f_y(x_0,y_0,z_0)\cos\beta + f_z(x_0,y_0,z_0)\cos\gamma.$$

例 8-35 求 $f(x,y,z) = xy + yz + zx$ 在点 $(1,1,2)$ 沿方向 l 的方向导数，其中 l 的方向角分别为 $60°$，$45°$，$60°$.

解 与 l 同向的单位向量为 $\boldsymbol{e}_l = (\cos 60°, \cos 45°, \cos 60°) = \left(\dfrac{1}{2}, \dfrac{\sqrt{2}}{2}, \dfrac{1}{2}\right)$.

因为函数可微分，且 $f_x(1,1,2) = (y+z)|_{(1,1,2)} = 3$，$f_y(1,1,2) = (x+z)|_{(1,1,2)} = 3$，$f_z(1,1,2) = (y+x)|_{(1,1,2)} = 2$，所以 $\left.\dfrac{\partial f}{\partial l}\right|_{(1,1,2)} = 3 \times \dfrac{1}{2} + 3 \times \dfrac{\sqrt{2}}{2} + 2 \times \dfrac{1}{2} = \dfrac{1}{2}(5 + 3\sqrt{2})$.

8.7.2 梯度

梯度是一个与方向导数相关的概念. 在二元函数的情形中，设函数 $z = f(x,y)$ 在平面区域 D 内具有一阶连续偏导数，则对于每一点 $P_0(x_0,y_0) \in D$ 都可确定一个向量 $f_x(x_0,y_0)\boldsymbol{i} + f_y(x_0,y_0)\boldsymbol{j}$，该向量称为函数 $f(x,y)$ 在点 $P_0(x_0,y_0)$ 的梯度，记作 $\mathbf{grad}\,f(x_0,y_0)$ 或 $\nabla f(x_0,y_0)$，即

$$\mathbf{grad}\,f(x_0,y_0) = f_x(x_0,y_0)\boldsymbol{i} + f_y(x_0,y_0)\boldsymbol{j},$$

其中 $\nabla = \dfrac{\partial}{\partial x}\boldsymbol{i} + \dfrac{\partial}{\partial y}\boldsymbol{j}$ 称为（二维）向量微分算子或 Nabla 算子，$\nabla f = \dfrac{\partial f}{\partial x}\boldsymbol{i} + \dfrac{\partial f}{\partial y}\boldsymbol{j}$.

下面讨论梯度与方向导数的关系.

如果函数 $f(x,y)$ 在点 $P_0(x_0,y_0)$ 可微分，$\boldsymbol{e}_l = (\cos\alpha, \cos\beta)$ 是与方向 l 同方向的单位向量，则

$$\left.\frac{\partial f}{\partial l}\right|_{(x_0,y_0)} = f_x(x_0,y_0)\cos\alpha + f_y(x_0,y_0)\cos\beta = \nabla f(x_0,y_0) \cdot \boldsymbol{e}_l$$

$$= |\nabla f(x_0,y_0)| \cdot \cos <\nabla f(x_0,y_0), \boldsymbol{e}_l>.$$

上式表明了函数在一点的梯度与函数在该点的方向导数之间的关系. 特别地，由该关系可知：

（1）当向量 $\boldsymbol{e}_l$ 与 $\nabla f(x_0,y_0)$ 的夹角 $\theta = 0$，即沿梯度方向时，函数 $f(x,y)$ 增加最快. 此时方向导数 $\left.\dfrac{\partial f}{\partial l}\right|_{(x_0,y_0)}$ 取得最大值，这个最大值就是梯度的模 $|\nabla f(x_0,y_0)|$.

这个结果也表示，函数在一点的梯度是个向量，它的方向是函数在该点的方向导数取得最大值的方向，它的模就等于方向导数的最大值.

（2）当向量 $\boldsymbol{e}_l$ 与 $\nabla f(x_0,y_0)$ 的夹角 $\theta = \pi$，即沿梯度反方向时，函数 $f(x,y)$ 减少最快. 此时

方向导数 $\left.\dfrac{\partial f}{\partial l}\right|_{(x_0,y_0)}$ 取得最小值, 这个最小值就是 $-|\nabla f(x_0,y_0)|$.

(3) 当向量 $\boldsymbol{e}_l$ 与 $\nabla f(x_0, y_0)$ 的夹角 $\theta = \dfrac{\pi}{2}$, 即沿与梯度正交的方向时, 函数 $f(x, y)$ 的变化率为零. 也就是沿着与梯度正交的方向, 函数值没有发生变化.

一般地, 二元函数 $z = f(x, y)$ 在几何上表示一张曲面, 该曲面被平面 $z = c$ (c 是常数) 所截得的曲线 L 的方程为 $\begin{cases} z = f(x, y) \\ z = c \end{cases}$. 这条曲线 L 在 xOy 面上的投影是一条平面曲线 L^*（见图 8-7）, 它在 xOy 平面上的方程为 $f(x, y) = c$.

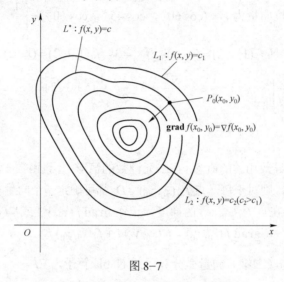

图 8-7

对于曲线 L^* 上的一切点, 已给函数的函数值都是 c, 所以称平面曲线 L^* 为函数 $z = f(x, y)$ 的等值线.

若 f_x, f_y 不同时为零, 则等值线 $f(x, y) = c$ 上任一点 $P_0(x_0, y_0)$ 处的一个单位法向量为

$$\boldsymbol{n} = \dfrac{1}{\sqrt{f_x^2(x_0,y_0) + f_y^2(x_0,y_0)}}(f_x(x_0,y_0), f_y(x_0,y_0)) = \dfrac{\nabla f(x_0,y_0)}{|\nabla f(x_0,y_0)|}.$$

这表明梯度 $\nabla f(x_0, y_0)$ 的方向就是等值线 $f(x, y) = c$ 在该点的一个法线方向 $\boldsymbol{n}$, 而沿这个方向 $\boldsymbol{n}$ 的方向导数 $\dfrac{\partial f}{\partial n}$ 就等于 $|\nabla f(x_0, y_0)|$, 于是 $\nabla f(x_0, y_0) = \dfrac{\partial f}{\partial n}\boldsymbol{n}$.

上式表明了函数在一点的梯度与过该点的等值线、方向导数间的关系. 这就是说, 函数在一点的梯度方向与等值线在该点的一个法线方向相同, 它的指向为从数值较低的等值线指向数值较高的等值线, 梯度的模就等于函数在这个法线方向的方向导数.

梯度概念可以推广到三元及以上的多元函数的情形. 设函数 $f(x, y, z)$ 在空间区域 G 内具有一阶连续偏导数, 则对于每一点 $P_0(x_0, y_0, z_0) \in G$ 都可定出一个向量

$$f_x(x_0, y_0, z_0)\boldsymbol{i} + f_y(x_0, y_0, z_0)\boldsymbol{j} + f_z(x_0, y_0, z_0)\boldsymbol{k},$$

该向量称为函数 $f(x, y, z)$ 在点 $P_0(x_0, y_0, z_0)$ 的梯度, 记为 $\mathbf{grad}(x_0, y_0, z_0)$ 或 $\nabla f(x_0, y_0, z_0)$, 即

$$\nabla f(x_0, y_0, z_0) = f_x(x_0, y_0, z_0)\boldsymbol{i} + f_y(x_0, y_0, z_0)\boldsymbol{j} + f_z(x_0, y_0, z_0)\boldsymbol{k},$$

其中，$\nabla = \dfrac{\partial}{\partial x}\boldsymbol{i} + \dfrac{\partial}{\partial y}\boldsymbol{j} + \dfrac{\partial}{\partial z}\boldsymbol{k}$ 称为（三维）向量微分算子或 Nabla 算子，$\nabla f = \dfrac{\partial f}{\partial x}\boldsymbol{i} + \dfrac{\partial f}{\partial y}\boldsymbol{j} + \dfrac{\partial f}{\partial z}\boldsymbol{k}$.

与二元函数的情形完全类似，三元函数 $f(x, y, z)$ 在一点的梯度也是这样一个向量，它的方向是函数 $f(x, y, z)$ 在该点的方向导数取得最大值的方向，而它的模为方向导数的最大值.

如果引进曲面 $f(x, y, z) = c$ 为函数 $f(x, y, z)$ 的等值面的概念，则可得函数 $f(x, y, z)$ 在点 $P_0(x_0, y_0, z_0)$ 的梯度 $\nabla f(x_0, y_0, z_0)$ 的方向就是过点 P_0 的等值面 $f(x, y, z) = c$ 在该点的法线的一个方向 $\boldsymbol{n}$ 且从数值较低的等值面指向数值较高的等值面，而梯度的模 $|\nabla f(x_0, y_0, z_0)|$ 等于函数沿这个方向 $\boldsymbol{n}$ 的方向导数 $\dfrac{\partial f}{\partial n}$.

例 8-36 求 $\nabla \dfrac{1}{x^2 + y^2}$.

解 令 $f(x, y) = \dfrac{1}{x^2 + y^2}$. 因为 $\dfrac{\partial f}{\partial x} = -\dfrac{2x}{(x^2 + y^2)^2}$，$\dfrac{\partial f}{\partial y} = -\dfrac{2y}{(x^2 + y^2)^2}$，所以

$$\nabla \dfrac{1}{x^2 + y^2} = -\dfrac{2x}{(x^2 + y^2)^2}\boldsymbol{i} - \dfrac{2y}{(x^2 + y^2)^2}\boldsymbol{j} = \left(-\dfrac{2x}{(x^2 + y^2)^2}, -\dfrac{2y}{(x^2 + y^2)^2}\right).$$

例 8-37 函数 $f(x, y) = 2\sqrt{x^2 + y^2}$，$P_0(3, 4)$，求：

（1）$f(x, y)$ 在点 P_0 处变化最快的方向及沿该方向的方向导数；

（2）$f(x, y)$ 在点 P_0 处变化率为零的方向.

解 （1）因为 $f_x = \dfrac{2x}{\sqrt{x^2 + y^2}}$，$f_y = \dfrac{2y}{\sqrt{x^2 + y^2}}$，故 $\nabla f = \left(\dfrac{2x}{\sqrt{x^2 + y^2}}, \dfrac{2y}{\sqrt{x^2 + y^2}}\right)$. $f(x, y)$ 在点 $P_0(3, 4)$ 处沿 $\nabla f(3, 4) = \left(\dfrac{6}{5}, \dfrac{8}{5}\right)$ 的方向增加最快，所以 $f(x, y)$ 在点 P_0 处增加最快的方向可取为 $\boldsymbol{n} = \dfrac{\nabla f(3, 4)}{|\nabla f(3, 4)|} = \left(\dfrac{3}{5}, \dfrac{4}{5}\right)$. 沿着方向 $\boldsymbol{n}$ 的方向导数为

$$\left.\dfrac{\partial f}{\partial n}\right|_{(3,4)} = |\nabla f(3, 4)| = \sqrt{\left(\dfrac{6}{5}\right)^2 + \left(\dfrac{8}{5}\right)^2} = 2.$$

$f(x, y)$ 在点 $P_0(3, 4)$ 处沿 $-\nabla f(3, 4)$ 的方向减少最快，所以 $f(x, y)$ 在点 P_0 处减少最快的方向可取为 $\boldsymbol{n}_1 = -\boldsymbol{n} = \left(-\dfrac{3}{5}, -\dfrac{4}{5}\right)$. 沿着方向 $\boldsymbol{n}_1$ 的方向导数为 $\left.\dfrac{\partial f}{\partial n_1}\right|_{(3,4)} = -|\nabla f(3, 4)| = -2$.

（2）$f(x, y)$ 在点 $P_0(3, 4)$ 处沿与梯度 $\nabla f(3, 4)$ 正交的方向变化率为零，这个方向可取为

$$\boldsymbol{n}_2 = \left(-\dfrac{4}{5}, \dfrac{3}{5}\right) \text{或} \boldsymbol{n}_2 = \left(\dfrac{4}{5}, -\dfrac{3}{5}\right).$$

例 8-38 函数 $f(x, y, z) = xy^2 + yz^3$，点 $P_0(2, -1, 1)$，求：

（1）$f(x, y, z)$ 在点 P_0 处的梯度；

（2）$f(x,y,z)$ 在点 P_0 处增加最快的方向及沿该方向的变化率.

解 （1）由于 $f_x = y^2$，$f_y = 2xy + z^3$，$f_z = 3yz^2$，故 $f_x(2,-1,1) = y^2\big|_{(2,-1,1)} = 1$，

$$f_y(2,-1,1) = (2xy + z^3)\big|_{(2,-1,1)} = -3, \quad f_z(2,-1,1) = 3yz^2\big|_{(2,-1,1)} = -3,$$

所以 $\nabla f(2,-1,1) = \boldsymbol{i} - 3\boldsymbol{j} - 3\boldsymbol{k} = (1,-3,-3)$.

（2）$f(x,y,z)$ 在点 $P_0(2,-1,1)$ 处沿 $\nabla f(2,-1,1) = (1,-3,-3)$ 的方向增加最快，沿该方向的变化率即为沿该方向的方向导数，为 $|\nabla f(2,-1,1)| = \sqrt{1^2 + (-3)^2 + (-3)^2} = \sqrt{19}$.

数量场与向量场 如果对于空间区域 G 内的任一点 M，都有一个确定的数量 $f(M)$，则称在该空间区域 G 内确定了一个**数量场**（如温度场、密度场等）. 一个数量场可用一个数量函数 $f(M)$ 来确定. 如果与点 M 相对应的是一个向量 $\boldsymbol{F}(M)$，则称在该空间区域 G 内确定了一个**向量场**（如力场、速度场等）. 一个向量场可用一个向量函数 $\boldsymbol{F}(M)$ 来确定

$$\boldsymbol{F}(M) = P(M)\boldsymbol{i} + Q(M)\boldsymbol{j} + R(M)\boldsymbol{k},$$

其中 $P(M)$，$Q(M)$，$R(M)$ 是点 M 的数量函数.

利用场的概念，可以说向量函数 $\nabla f(M)$ 确定了一个向量场——**梯度场**，它是由数量场 $f(M)$ 产生的. 通常称函数 $f(M)$ 为这个向量场的**势**，而这个向量场又称为**势场**.

注 任意一个向量场不一定是势场，因为它不一定是某个数量函数的梯度场.

例 8-39 试求数量场 $\dfrac{m}{r}$ 所产生的梯度场，其中常数 $m > 0$，$r = \sqrt{x^2 + y^2 + z^2}$ 为原点 O 与点 $M(x,y,z)$ 之间的距离.

解 $\dfrac{\partial}{\partial x}\left(\dfrac{m}{r}\right) = -\dfrac{m}{r^2}\dfrac{\partial r}{\partial x} = -\dfrac{mx}{r^3}$，同理，$\dfrac{\partial}{\partial y}\left(\dfrac{m}{r}\right) = -\dfrac{my}{r^3}$，$\dfrac{\partial}{\partial z}\left(\dfrac{m}{r}\right) = -\dfrac{mz}{r^3}$.

从而 $\nabla \dfrac{m}{r} = -\dfrac{m}{r^2}\left(\dfrac{x}{r}\boldsymbol{i} + \dfrac{y}{r}\boldsymbol{j} + \dfrac{z}{r}\boldsymbol{k}\right)$. 记 $\boldsymbol{e}_r = \dfrac{x}{r}\boldsymbol{i} + \dfrac{y}{r}\boldsymbol{j} + \dfrac{z}{r}\boldsymbol{k}$，它是与 $\overrightarrow{OM}$ 同方向的单位向量，则 $\nabla \dfrac{m}{r} = -\dfrac{m}{r^2}\boldsymbol{e}_r$.

上式右端在力学上可解释为位于原点 O 而质量为 m 的质点对位于点 M 而质量为 1 的质点的引力. 该引力的大小与两质点的质量的乘积成正比，而与它们的距离的平方成反比. 该引力的方向由点 M 指向原点. 因此，数量场 $\dfrac{m}{r}$ 的势场即梯度场 $\nabla \dfrac{m}{r}$ 称为**引力场**，而函数 $\dfrac{m}{r}$ 称为**引力势**.

8.8 多元函数的极值及其求法

8.8.1 多元函数的极值及最大值、最小值

定义 8-8 设函数 $z = f(x,y)$ 在点 (x_0, y_0) 的某个邻域内有定义，如果对于该邻域内任何异于 (x_0, y_0) 的点 (x, y)，都有 $f(x, y) < f(x_0, y_0)$（或 $f(x, y) > f(x_0, y_0)$），则称函数在点 (x_0, y_0) 有极大值（或极小值）$f(x_0, y_0)$，点 (x_0, y_0) 称为函数 $f(x, y)$ 的极大值点（或极小值点）.

极大值、极小值统称为极值. 使得函数取得极值的点称为极值点.

例 8-40　函数 $z = 3x^2 + 4y^2$ 在点 $(0,0)$ 处有极小值. 当 $(x,y) = (0,0)$ 时，$z = 0$，而对于点 $(0,0)$ 的任意邻域内异于 $(0,0)$ 的点，函数值均为正，因此，函数在点 $(0,0)$ 处取得极小值. 从几何上看，点 $(0,0,0)$ 是开口朝上的椭圆抛物面 $z = 3x^2 + 4y^2$ 的（下）顶点.

例 8-41　函数 $z = -\sqrt{x^2 + y^2}$ 在点 $(0,0)$ 处有极大值. 当 $(x,y) = (0,0)$ 时，$z = 0$，而对于点 $(0,0)$ 的任意邻域内异于 $(0,0)$ 的点，函数值均为负，因此，函数在点 $(0,0)$ 处取得极大值. 从几何上看，点 $(0,0,0)$ 是位于 xOy 坐标平面下方的圆锥面 $z = -\sqrt{x^2 + y^2}$ 的（上）顶点.

例 8-42　函数 $z = xy$ 在点 $(0,0)$ 处既不取得极大值也不取得极小值. 因为在点 $(0,0)$ 处的函数值为零，而在点 $(0,0)$ 的任一邻域内，总有使函数值为正的点，也有使函数值为负的点.

以上关于二元函数的极值的概念，可推广到 $n(n \geqslant 3)$ 元函数. 设 n 元函数 $u = f(P)$ 在点 P_0 的某个邻域内有定义，如果对于该邻域内任何异于 P_0 的点 P，都有

$$f(P) < f(P_0) \text{ （或 } f(P) > f(P_0)\text{）},$$

则称函数 $f(P)$ 在点 P_0 有极大值（或极小值）$f(P_0)$.

多元函数的极值问题一般可以利用偏导数来解决. 以二元函数为例，有下面的两个结论.

定理 8-11（必要条件）　设函数 $z = f(x,y)$ 在点 (x_0, y_0) 具有偏导数，且在点 (x_0, y_0) 处有极值，则有

$$f_x(x_0, y_0) = 0, \quad f_y(x_0, y_0) = 0.$$

证　不妨设 $z = f(x,y)$ 在点 (x_0, y_0) 处有极大值. 根据极大值的定义，对于点 (x_0, y_0) 的某个邻域内异于 (x_0, y_0) 的点 (x,y)，都有不等式 $f(x,y) < f(x_0, y_0)$. 特殊地，在该邻域内取 $y = y_0$ 而 $x \neq x_0$ 的点，也应有不等式 $f(x, y_0) < f(x_0, y_0)$. 这表明一元函数 $f(x, y_0)$ 在 $x = x_0$ 处取得极大值，而函数 $z = f(x,y)$ 在点 (x_0, y_0) 具有对 x 的偏导数，因而必有 $f_x(x_0, y_0) = 0$. 类似地可证 $f_y(x_0, y_0) = 0$.

从几何上看，这时如果曲面 $z = f(x,y)$ 在点 (x_0, y_0, z_0) 处有切平面，则切平面

$$z - z_0 = f_x(x_0, y_0)(x - x_0) + f_y(x_0, y_0)(y - y_0)$$

成为平行于 xOy 坐标面的平面 $z = z_0$.

类似地可推得，如果三元函数 $u = f(x,y,z)$ 在点 (x_0, y_0, z_0) 处具有偏导数，则它在点 (x_0, y_0, z_0) 处具有极值的必要条件为 $f_x(x_0, y_0, z_0) = 0$，$f_y(x_0, y_0, z_0) = 0$，$f_z(x_0, y_0, z_0) = 0$.

仿照一元函数，凡是能使得 $f_x(x,y) = 0$，$f_y(x,y) = 0$ 同时成立的点 (x_0, y_0)，称为函数 $z = f(x,y)$ 的**驻点**.

从定理 8-11 可知，具有偏导数的函数的极值点必定是驻点. 但函数的驻点不一定是极值点. 例如，函数 $z = xy$ 在点 $(0,0)$ 处的两个偏导数都是零，但函数在 $(0,0)$ 点处既不取得极大值也不取得极小值.

定理 8-12（充分条件）　设函数 $z = f(x,y)$ 在点 (x_0, y_0) 的某邻域内连续且有一阶及二阶连续偏导数，又 $f_x(x_0, y_0) = 0$，$f_y(x_0, y_0) = 0$，令 $f_{xx}(x_0, y_0) = A$，$f_{xy}(x_0, y_0) = B$，$f_{yy}(x_0, y_0) = C$，则 $f(x,y)$ 在 (x_0, y_0) 处是否取得极值的条件如下：

(1) 当 $AC - B^2 > 0$ 时有极值，且当 $A < 0$ 时有极大值，当 $A > 0$ 时有极小值；

(2) 当 $AC - B^2 < 0$ 时没有极值；

(3) 当 $AC - B^2 = 0$ 时可能有极值，也可能没有极值.

也就是说，在函数 $f(x,y)$ 的驻点处如果 $f_{xx} \cdot f_{yy} - f_{xy}^2 > 0$，则函数具有极值，且当 $f_{xx} < 0$ 时

有极大值，当 $f_{xx}>0$ 时有极小值.

利用定理 8-11、定理 8-12，把具有二阶连续偏导数的函数 $z=f(x,y)$ 的极值的求法总结如下：

第一步 解方程组 $f_x(x,y)=0$，$f_y(x,y)=0$，求得一切实数解，即一切驻点.

第二步 对于每一个驻点 (x_0, y_0)，求出二阶偏导数 $f_{xx}(x,y)$、$f_{xy}(x,y)$、$f_{yy}(x,y)$ 的值 A、B 和 C.

第三步 定出 $AC-B^2$ 的符号，按定理 8-12 的结论判定 $f(x_0, y_0)$ 是否是极值，以及是极大值还是极小值.

例 8-43 求函数 $f(x,y)=x^3-y^3+3x^2+3y^2-9x$ 的极值.

解 解方程组 $\begin{cases} f_x(x,y)=3x^2+6x-9=0 \\ f_y(x,y)=-3y^2+6y=0 \end{cases}$，求得 $x=1$ 或 -3；$y=0$ 或 2. 于是得驻点为 $(1,0)$、$(1,2)$、$(-3,0)$、$(-3,2)$.

再求出二阶偏导数 $f_{xx}(x,y)=6x+6$，$f_{xy}(x,y)=0$，$f_{yy}(x,y)=-6y+6$.

在点 $(1,0)$ 处，$AC-B^2=12\times 6>0$，又 $A>0$，所以函数在 $(1,0)$ 处有极小值 $f(1,0)=-5$；

在点 $(1,2)$ 处，$AC-B^2=12\times(-6)<0$，所以 $f(1,2)$ 不是极值；

在点 $(-3,0)$ 处，$AC-B^2=(-12)\times 6<0$，所以 $f(-3,0)$ 不是极值；

在点 $(-3,2)$ 处，$AC-B^2=(-12)\times(-6)>0$，又 $A<0$，所以函数在 $(-3,2)$ 处有极大值 $f(-3,2)=31$.

注 如果函数在所给的区域内具有偏导数，则根据定理 8-11 可知，极值只可能在驻点处取得. 然而，函数在个别点处偏导数可能不存在，这些点当然不是驻点，但也可能是极值点. 例如，函数 $z=-\sqrt{x^2+y^2}$ 在点 $(0,0)$ 处有极大值，但 $(0,0)$ 不是函数的驻点. 因此，在考虑函数的极值问题时，除了考虑函数的驻点外，如果有偏导数不存在的点，那么对这些点也应当考虑.

最大值和最小值问题 与一元函数类似，对于多元函数也可以利用极值来求最大值和最小值. 以二元函数为例，如果 $f(x,y)$ 在有界闭区域 D 上连续，则 $f(x,y)$ 在 D 上必定能取得最大值和最小值. 这种使函数取得最大值或最小值的点既可能在 D 的内部，也可能在 D 的边界上. 那么假定，函数在 D 上连续、在 D 内可微分且只有有限个驻点，这时如果函数在 D 的内部取得最大值（最小值），那么这个最大值（最小值）也是函数的极大值（极小值）. 因此，在上述假定下，求最大值和最小值的一般方法是：将函数 $f(x,y)$ 在 D 内的所有驻点处的函数值及在 D 的边界上的最大值和最小值相互比较，其中最大的就是最大值，最小的就是最小值. 在实际问题中，如果根据问题的性质，知道函数 $f(x,y)$ 的最大值（最小值）一定在 D 的内部取得，而函数在 D 内只有一个驻点，那么可以肯定该驻点处的函数值就是函数 $f(x,y)$ 在 D 上的最大值（最小值）.

例 8-44 某厂要用铁板做成一个体积为 8 m^3 的有盖长方体水箱. 问当长、宽、高各取多少时，才能使用料最省.

解 设水箱的长为 $x(\text{m})$，宽为 $y(\text{m})$，则其高应为 $\dfrac{8}{xy}(\text{m})$. 此水箱所用材料的面积即为水箱的表面积，为 $A=2\left(xy+y\cdot\dfrac{8}{xy}+x\cdot\dfrac{8}{xy}\right)=2\left(xy+\dfrac{8}{x}+\dfrac{8}{y}\right)$ $(x>0, y>0)$. 令 $A_x=2\left(y-\dfrac{8}{x^2}\right)=0$，

$$A_y = 2\left(x - \frac{8}{y^2}\right) = 0, \text{ 得 } x = 2, y = 2.$$

根据题意可知，水箱所用材料面积的最小值一定存在，并在开区域 $D = \{(x, y) | x > 0, y > 0\}$ 内取得. 因为函数 A 在 D 内只有一个驻点，所以此驻点一定是 A 的最小值点，即当水箱的长为 2 m、宽为 2 m、高为 $\frac{8}{2 \times 2} = 2$ m 时，水箱所用的材料最省.

从这个例子还可以看出，在体积一定的长方体中，以立方体的表面积为最小.

例 8-45 有一宽为 24 cm 的长方形铁板，把它两边折起来做成一断面为等腰梯形的水槽（见图 8-8）. 问怎样折法才能使断面的面积最大？

解 设折起来的边长为 x(cm)，倾角为 α，那么梯形断面的下底长为 $24 - 2x$(cm)，上底长为 $24 - 2x + 2x\cos\alpha$ (cm)，高为 $x \cdot \sin\alpha$ (cm)，所以断面面积

$$A = \frac{1}{2}(24 - 2x + 2x\cos\alpha + 24 - 2x) \cdot x\sin\alpha,$$

即 $A = 24x\sin\alpha - 2x^2\sin\alpha + x^2\sin\alpha\cos\alpha$，$(0 < x < 12, 0 < \alpha \leq 90°)$.

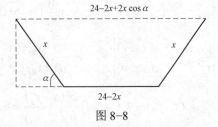

图 8-8

可见断面面积 A 是 x 和 α 的二元函数，这就是目标函数. 下面求使得这个函数取得最大值的点 (x, α).

令 $\begin{cases} A_x = 24\sin\alpha - 4x\sin\alpha + 2x\sin\alpha\cos\alpha = 0 \\ A_\alpha = 24x\cos\alpha - 2x^2\cos\alpha + x^2(\cos^2\alpha - \sin^2\alpha) = 0 \end{cases}.$

由于 $\sin\alpha \neq 0$，$x \neq 0$，上述方程组可化为 $\begin{cases} 12 - 2x + x\cos\alpha = 0 \\ 24\cos\alpha - 2x\cos\alpha + x(\cos^2\alpha - \sin^2\alpha) = 0 \end{cases}.$

解该方程组，得 $\alpha = 60°$，$x = 8$ (cm).

根据题意可知，断面面积的最大值一定存在，并且在 $D = \{(x,y) | 0 < x < 12, 0 < \alpha \leq 90°\}$ 内取得，通过计算得知，当 $\alpha = 90°$ 时的函数值比 $\alpha = 60°$，$x = 8$ cm 时的函数值小. 又函数在 D 内只有一个驻点，因此可以断定，当 $\alpha = 60°$，$x = 8$ cm 时，就能使断面的面积最大.

8.8.2 条件极值与拉格朗日乘数法

上面讨论的极值问题，对于函数的自变量，除了限制在函数的定义域内以外，并无其他条件，所以称为**无条件极值**. 但在实际问题中，有时会遇到对函数的自变量还有附加条件的极值问题. 例如，求表面积为 a^2 而体积为最大的长方体的体积问题. 设长方体的 3 条棱的长为 x、y、z，体积 $V = xyz$. 又因假定表面积为 a^2，所以自变量 x、y、z 还必须满足附加条件 $2(xy + yz + xz) = a^2$. 像这种对自变量有附加条件的极值称为**条件极值**.

对于有些实际问题，可以把条件极值转化为无条件极值，然后利用 8.8.1 节中的方法加以解决．如上述问题，可由条件 $2(xy+yz+xz)=a^2$，解得 $z=\dfrac{a^2-2xy}{2(x+y)}$，将它代入 $V=xyz$ 中，于是问题就转化为求函数 $V=\dfrac{xy(a^2-2xy)}{2(x+y)}$ 的无条件极值．

但在很多情形下，将条件极值化为无条件极值非常困难，甚至不能实现．另外有一种直接寻求条件极值的方法，可以不必先把问题转化为无条件极值，这就是下面要介绍的拉格朗日乘数法．

下面寻求函数 $z=f(x,y)$ 在条件 $\varphi(x,y)=0$ 下取得极值的必要条件．

如果函数 $z=f(x,y)$ 在点 (x_0,y_0) 取得所求的极值，那么有 $\varphi(x_0,y_0)=0$．假定在点 (x_0,y_0) 的某一邻域内 $f(x,y)$ 与 $\varphi(x,y)$ 均有连续的一阶偏导数，而 $f_y(x_0,y_0)\ne 0$．由隐函数存在定理，方程 $f(x,y)=0$ 确定一个连续且具有连续导数的函数 $y=\psi(x)$，将其代入目标函数 $z=f(x,y)$，得一元函数 $z=f(x,\psi(x))$．

于是，$x=x_0$ 是一元函数 $z=f(x,\psi(x))$ 的极值点，由取得极值的必要条件，有

$$\dfrac{\mathrm{d}z}{\mathrm{d}x}\bigg|_{x=x_0}=f_x(x_0,y_0)+f_y(x_0,y_0)\dfrac{\mathrm{d}y}{\mathrm{d}x}\bigg|_{x=x_0}=0.$$

由隐函数求导方法，有 $\dfrac{\mathrm{d}y}{\mathrm{d}x}\bigg|_{x=x_0}=-\dfrac{\varphi_x(x,y)}{\varphi_y(x,y)}\bigg|_{(x_0,y_0)}=-\dfrac{\varphi_x(x_0,y_0)}{\varphi_y(x_0,y_0)}$，得

$$f_x(x_0,y_0)-f_y(x_0,y_0)\dfrac{\varphi_x(x_0,y_0)}{\varphi_y(x_0,y_0)}=0.$$

设 $\dfrac{f_y(x_0,y_0)}{\varphi_y(x_0,y_0)}=-\lambda$，上述必要条件总结为 $\begin{cases}f_x(x_0,y_0)+\lambda\varphi_x(x_0,y_0)=0\\ f_y(x_0,y_0)+\lambda\varphi_y(x_0,y_0)=0\\ \varphi(x_0,y_0)=0\end{cases}$．

若引进辅助函数 $L(x,y)=f(x,y)+\lambda\varphi(x,y)$，则 $L_x(x_0,y_0)=0$，$L_y(x_0,y_0)=0$.

其中函数 $L(x,y)$ 称为**拉格朗日函数**，参数 λ 称为**拉格朗日乘数**（拉格朗日乘子）．

拉格朗日乘数法 要找函数 $z=f(x,y)$ 在条件 $\varphi(x,y)=0$ 下可能的极值点，可以先构造辅助函数 $L(x,y)=f(x,y)+\lambda\varphi(x,y)$，其中 λ 为参数．求 L 对 x、y 的偏导数并使之为零，构成方程组

$$\begin{cases}L_x(x,y)=f_x(x,y)+\lambda\varphi_x(x,y)=0\\ L_y(x,y)=f_y(x,y)+\lambda\varphi_y(x,y)=0\\ \varphi(x,y)=0\end{cases}.$$

由该方程组解出 x、y 及 λ，则其中点 (x,y) 就是目标函数 $f(x,y)$ 在附加条件 $\varphi(x,y)=0$ 下可能的极值点．

这种方法可以推广到自变量多于两个而条件多于一个的情形．例如，要求函数 $u=f(x,y,z,t)$ 在附加条件 $\varphi(x,y,z,t)=0$，$\psi(x,y,z,t)=0$ 下的条件极值，可以先作拉格朗日函数

$$L(x,y,z,t)=f(x,y,z,t)+\lambda\varphi(x,y,z,t)+\mu\psi(x,y,z,t),$$

其中 λ、μ 为拉格朗日乘数．求 L 关于变量 x、y、z、t 的偏导数并使之为零，然后与两个附加

条件联立构成方程组，解这个方程组得到的点 (x, y, z, t) 就是函数 $f(x, y, z, t)$ 在附加条件下的可能极值点.

至于如何确定所求的点是否是极值点，在实际问题中往往可以根据问题本身的性质来判定.

例 8-46 求表面积为 a^2 而体积为最大的长方体的体积.

解 设长方体的 3 条棱的长为 x、y、z，则问题就是在条件 $2(xy+yz+xz)=a^2$ 下求目标函数 $V=xyz$ 的最大值.

作拉格朗日函数 $L(x, y, z) = xyz + \lambda(2xy+2yz+2xz-a^2)$.

解方程组

$$\begin{cases} L_x(x,y,z) = yz + 2\lambda(y+z) = 0 \\ L_y(x,y,z) = xz + 2\lambda(x+z) = 0 \\ L_z(x,y,z) = xy + 2\lambda(y+x) = 0 \\ 2(xy+yz+xz) = a^2 \end{cases},$$

解得 $x=y=z=\dfrac{\sqrt{6}}{6}a$，这是唯一可能的极值点. 因为由问题本身可知最大值一定存在，所以最大值就在这个可能的极值点处取得. 也就是说，在表面积为 a^2 的长方体中，以棱长为 $\dfrac{\sqrt{6}}{6}a$ 的正方体的体积为最大，此时最大体积为 $V=\dfrac{\sqrt{6}}{36}a^3$.

例 8-47 在直线 $\begin{cases} y+2=0 \\ x+2z=7 \end{cases}$ 上找一点，使它到点 $(0,-1,1)$ 的距离最短，并求最短距离.

解 直线 $\begin{cases} y+2=0 \\ x+2z=7 \end{cases}$ 上任意一点 (x,y,z) 到点 $(0,-1,1)$ 的距离为

$$d = \sqrt{x^2+(y+1)^2+(z-1)^2},$$

于是，问题转化为在约束条件 $y+2=0$，$x+2z=7$ 下，求函数 $d^2 = x^2+(y+1)^2+(z-1)^2$ 的极小值问题. 作拉格朗日函数

$$L(x,y,z,\lambda,\mu) = x^2+(y+1)^2+(z-1)^2+\lambda(y+2)+\mu(x+2z-7),$$

构造方程组

$$\begin{cases} L_x = 2x+\mu = 0 \\ L_y = 2(y+1)+\lambda = 0 \\ L_z = 2(z-1)+2\mu = 0 \\ y+2 = 0 \\ x+2z-7 = 0 \end{cases},$$

解方程组得唯一驻点 $(1,-2,3)$.

根据实际问题的性质可知，直线 $\begin{cases} y+2=0 \\ x+2z=7 \end{cases}$ 上到点 $(0,-1,1)$ 的最短距离一定存在，故点 $(1,-2,3)$ 即为所求的点，且最短距离为 $d=\sqrt{6}$.

8.9 知识拓展

哈密顿方程

哈密顿方程，又称时间场方程、程函方程．它是一个具有纯粹几何图像的波阵面方程，通过它，波动地震学就过渡为几何地震学了．

$$\left(\frac{\partial \tau}{\partial x}\right)^2 + \left(\frac{\partial \tau}{\partial y}\right)^2 + \left(\frac{\partial \tau}{\partial z}\right)^2 = \frac{1}{c^2}.$$

上式具有重要的物理意义，如果介质的波速参数 c 已知，利用边界条件或初始条件，就可以求得时间场，从而可知任何时刻波前的空间位置，也就求得了地震波传播的全部情况，而用不着求波动方程的解．因此，上式是几何地震学中最基本的公式．

上式还可以表示成向量形式

$$\nabla \tau = \frac{\boldsymbol{r}_0}{c}.$$

其中 $\boldsymbol{r}_0$ 为沿波传播方向的单位向量，从上式计算沿任意方向的线积分，得到从点 S_1 到 S_2 的波的传播时间应该不大于对应两点其他路径的传播时间，即

$$\int_{S_1}^{S_2} \nabla \tau \mathrm{d}l \leqslant \int_{S_1}^{S_2} \frac{\mathrm{d}l}{c}.$$

这是因为沿梯度的方向其值总是最小的，因此，由上式可得，两点之间波沿射线传播的时间最短，当函数求极值时，要求导数为零的点，而这里是对泛函求极值，因此，采用变分进行，即

$$\delta \int_{S_1}^{S_2} \frac{\mathrm{d}l}{c} = 0,$$

其中 δ 为变分符号，这就是著名的费马原理，它说明沿射线传播的时间与沿其他路径的时间相比为一个极值．

本章习题

1. 选择题

（1）设函数 $z = f(x, y)$ 在点 (x_0, y_0) 处可微，则 $f(x, y)$ 在点 (x_0, y_0) 处下列结论不一定成立的是（　　）．

  A. 连续 B. 偏导数存在 C. 偏导数连续 D. 极限存在

（2）二重极限 $\lim\limits_{\substack{x \to 0 \\ y \to 0}} \dfrac{\sin(xy)}{x}$ 的值为（　　）．

  A. 0 B. 1 C. $\dfrac{1}{2}$ D. 不存在

（3）对于二元函数 $z = f(x, y)$，下列有关偏导数与全微分的关系中正确的命题是（　　）．

  A. 偏导数不连续，则全微分必不存在

  B. 偏导数连续，则全微分存在

C. 全微分存在，则偏导数必连续

D. 全微分存在，则偏导数不一定存在

(4) 二元函数 $f(x,y) = \begin{cases} \dfrac{xy}{x^2+y^2} & (x,y) \neq (0,0) \\ 0 & (x,y) = (0,0) \end{cases}$ 在点 $(0,0)$ 处（ ）．

    A. 连续，偏导数存在   B. 连续但偏导数不存在

    C. 不连续，偏导数存在   D. 不连续，偏导数不存在

(5) 已知函数 $y = f(x)$ 在任意点 x 处的增量 $\Delta y = \dfrac{y\Delta x}{1+x^2} + \alpha$ 且当 $\Delta x \to 0$ 时，α 是比 Δx 高阶的无穷小量，$y(0) = \pi$，则 $y(0)$ 等于（ ）．

    A. 2π B. π C. $e^{\frac{\pi}{4}}$ D. $\pi e^{\frac{\pi}{4}}$

2. 填空题

(1) 二元函数 $z = \ln(1-|x|-|y|)$ 的定义域为_____．

(2) 已知理想气体状态方程 $PV = RT$，则 $\dfrac{\partial P}{\partial V} \cdot \dfrac{\partial V}{\partial T} \cdot \dfrac{\partial T}{\partial P} =$_____．

(3) 若 $f\left(x+y, \dfrac{y}{x}\right) = x^2 - y^2$，则 $f(x,y) =$_____．

(4) 函数 $z = xy + \ln(x^2+y^2)$ 在点 $(1,-1)$ 的全微分 $dz =$_____．

(5) 函数 $f(x,y) = \begin{cases} \dfrac{1-\sqrt{1+xy}}{xy} & (x,y) \neq (0,0) \\ a & (x,y) = (0,0) \end{cases}$ 在点 $(0,0)$ 处连续，则 $a =$_____．

3. 计算题

(1) 设 $\begin{cases} x+y+z=0 \\ x^2+y^2+z^2=1 \end{cases}$，求 $\dfrac{dx}{dz}$，$\dfrac{dy}{dz}$．

(2) 设某工厂生产 A 和 B 两种产品，产量分别为 x 和 y（单位：千件），利润函数为
$$L(x,y) = 6x - x^2 + 16y - 4y^2 - 2 \text{（单位：万元）}.$$
已知在生产这两种产品时，每千件产品需消耗某种原料 2 000 kg，现有该原料 8 000 kg，问两种产品各生产多少千件时总利润最大？最大总利润为多少？

(3) 假设生产一种产品需要两种生产要素投入，产量 Q 和成本 C 分别是投入 x 和 y 的函数，即 $Q = 8x^{1/4}y^{1/2}$，$C = 2x + 4y$，当产量 $Q_0 = 64$ 时，求成本最低的投入组合及最低成本．

4. 证明题

(1) 证明下列极限不存在：$\lim\limits_{(x,y) \to (0,0)} \dfrac{x^2y^2}{x^2y^2 + (x-y)^2}$．

(2) 设方程 $\varphi(x+zy^{-1}, y+zx^{-1}) = 0$ 确定隐函数 $z = f(x,y)$，证明它满足方程
$$x\dfrac{\partial z}{\partial x} + y\dfrac{\partial z}{\partial y} = z - xy.$$

第 9 章 重 积 分

9.1 二重积分的概念与性质

9.1.1 二重积分的概念

为引出二重积分的概念，下面先来讨论两个实际问题.

1. 曲顶柱体体积

设有一立体，它的底是 xOy 面上的闭区域 D，它的侧面是以 D 的边界曲线为准线而母线平行于 z 轴的柱面，它的顶是曲面 $z = f(x,y)$，这里 $f(x,y) \geqslant 0$ 且在 D 上连续. 这种立体叫作曲顶柱体. 现在要计算上述曲顶柱体的体积 V（见图 9-1）.

由于曲顶柱体的高 $f(x,y)$ 是变量，它的体积不能直接用体积公式来计算. 但仍可采用定积分的思想方法，用一组曲线网把 D 分成 n 个小闭区域 $\Delta\sigma_1, \Delta\sigma_2, \cdots, \Delta\sigma_n$，在每个 $\Delta\sigma_i$ 上任取一点 (ζ_i, η_i)，则 $f(\zeta_i, \eta_i)\Delta\sigma_i\ (n=1,2,\cdots,n)$ 可看作以 $f(\zeta_i, \eta_i)$ 为高而底为 $\Delta\sigma_i$ 的平顶柱体的体积. 通过求和，再令 n 个小闭区域直径的最大值（记作 λ）趋于零，取和的极限，便得出：

$$V = \lim_{\lambda \to 0} \sum_{i=1}^{n} f(\zeta_i, \eta_i)\Delta\sigma_i.$$

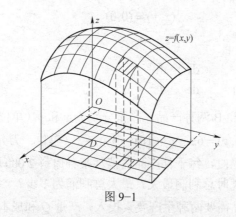

图 9-1

2. 平面薄片的质量

设有一平面薄片占有 xOy 面上的闭区域 D，它在点 (x,y) 处的面密度为 $\mu(x,y)$，这里 $\mu(x,y) > 0$ 且在 D 上连续. 现在要计算该薄片的质量 M.

由于面密度 $\mu(x,y)$ 是变量，薄片的质量不能直接用质量=面密度×薄片的面积来计算. 但 $\mu(x,y)$ 是连续的，利用积分的思想，把薄片分成许多小块后，只要小块所占的小闭区域 $\Delta\sigma_i$ 的直径很小，这些小块就可以近似地看作均匀薄片. 在 $\Delta\sigma_i$ 上任取一点 (ζ_i, η_i)，则 $\mu(\zeta_i, \eta_i)\Delta\sigma_i$ 可看作第 i 小块的质量的近似值. 通过求和，再令 n 个小闭区域的直径中的最大值（记作 λ）

趋于零，取和的极限，便自然地得出薄片的质量 M，即

$$M = \lim_{\lambda \to 0} \sum_{i=1}^{n} \mu(\zeta_i, \eta_i) \Delta \sigma_i.$$

上面两个问题所要求的，都归结为同一形式的和的极限. 在其他学科中，有许多物理量和几何量也可归结为这一形式的和的极限. 因此，要一般地研究这种和的极限，并抽象出下述二重积分的定义.

定义 9-1 设 $f(x,y)$ 是有界闭区域 D 上的有界函数. 将闭区域 D 任意分成 n 个小闭区域 $\Delta\sigma_1, \Delta\sigma_2, \cdots, \Delta\sigma_n$，其中 $\Delta\sigma_i$ 表示第 i 个小闭区域，也表示它的面积. 在每个 $\Delta\sigma_i$ 上任取一点 (ζ_i, η_i)，作乘积 $f(\zeta_i, \eta_i)\Delta\sigma_i\ (i=1,2,\cdots,n)$，并作和 $\sum_{i=1}^{n} f(\zeta_i, \eta_i)\Delta\sigma_i$. 如果当各小闭区域的直径中的最大值 λ 趋于零时，这和的极限总存在，则称此极限为函数 $f(x,y)$ 在闭区域 D 上的二重积分，记作 $\iint\limits_{D} f(x,y)\mathrm{d}\sigma$，即

$$\iint\limits_{D} f(x,y)\mathrm{d}\sigma = \lim_{\lambda \to 0} \sum_{i=1}^{n} f(\zeta_i, \eta_i)\Delta\sigma_i. \tag{9-1}$$

其中，$f(x,y)$ 叫作被积函数，$f(x,y)\mathrm{d}\sigma$ 叫作被积表达式，$\mathrm{d}\sigma$ 叫作面积元素，x 与 y 叫作积分变量，D 叫作积分区域，$\sum_{i=1}^{n} f(\zeta_i, \eta_i)\Delta\sigma_i$ 叫作积分和.

在二重积分的定义中对闭区域 D 的划分是任意的，如果在直角坐标系中用平行于坐标轴的直线网来划分 D，那么除了包含边界点的一些小闭区域外，其余的小闭区域都是矩形闭区域. 设矩形闭区域 $\Delta\sigma_i$ 的边长为 Δx_j 和 Δy_k，则 $\mathrm{d}\sigma = \mathrm{d}x\mathrm{d}y$. 因此，在直角坐标系中，有时也把面积元素 $\mathrm{d}\sigma$ 记作 $\mathrm{d}x\mathrm{d}y$，而把二重积分记作：$\iint\limits_{D} f(x,y)\mathrm{d}x\mathrm{d}y$，其中 $\mathrm{d}x\mathrm{d}y$ 叫作直角坐标系中的面积元素.

这里要指出，当 $f(x,y)$ 在闭区域 D 上连续时，式（9-1）右端的和的极限必定存在，也就是说，函数 $f(x,y)$ 在 D 上的二重积分必定存在.

9.1.2 二重积分的性质

性质 9-1 设 α、β 为常数，则 $\iint\limits_{D}[\alpha f(x,y)+\beta g(x,y)]\mathrm{d}\sigma = \alpha\iint\limits_{D} f(x,y)\mathrm{d}\sigma + \beta\iint\limits_{D} f(x,y)\mathrm{d}\sigma$.

性质 9-2（可加性） 如果闭区域 D 被有限条曲线分为有限个部分闭区域，则在 D 上的二重积分等于在各部分闭区域上的二重积分的和. 例如，D 分为两个闭区域 D_1 与 D_2，则

$$\iint\limits_{D} f(x,y)\mathrm{d}\sigma = \iint\limits_{D_1} f(x,y)\mathrm{d}\sigma + \iint\limits_{D_2} f(x,y)\mathrm{d}\sigma.$$

性质 9-3 如果在 D 上，$f(x,y)=1$，σ 为 D 的面积，则 $\sigma = \iint\limits_{D} 1\mathrm{d}\sigma = \iint\limits_{D}\mathrm{d}\sigma$.

此性质的几何意义很明显，因为高为 1 的平顶柱体的体积在数值上就等于柱体的底面积.

性质 9-4 如果在 D 上，$f(x,y) \leqslant \varphi(x,y)$，则有 $\iint\limits_D f(x,y)\mathrm{d}\sigma \leqslant \iint\limits_D \varphi(x,y)\mathrm{d}\sigma$.

特殊地，由于 $-|f(x,y)| \leqslant f(x,y) \leqslant |f(x,y)|$，又有 $\left|\iint\limits_D f(x,y)\mathrm{d}\sigma\right| \leqslant \iint\limits_D |f(x,y)|\mathrm{d}\sigma$.

性质 9-5（二重积分估值的不等式） 设 M、m 分别是 $f(x,y)$ 在闭区域 D 上的最大值和最小值，σ 是 D 的面积，则有 $m\sigma \leqslant \iint\limits_D f(x,y)\mathrm{d}\sigma \leqslant M\sigma$.

性质 9-6（二重积分的中值定理） 设函数 $f(x,y)$ 在闭区域 D 上连续，σ 是 D 的面积，则在 D 上至少存在一点 (ζ,η) 使得 $\iint\limits_D f(x,y)\mathrm{d}\sigma = f(\zeta,\eta)\sigma$.

9.2 二重积分的计算方法

按照二重积分的定义来计算二重积分，对少数特别简单的被积函数和积分区域来说是可行的，但对一般的函数和积分区域来说，这不是一种切实可行的方法．下面介绍一种方法，把二重积分化为两次单积分（两次定积分）来计算．

9.2.1 利用直角坐标计算二重积分

下面用几何的观点来讨论二重积分 $\iint\limits_D f(x,y)\mathrm{d}\sigma$ 的计算问题．

在讨论中假定 $f(x,y) \geqslant 0$，并设积分区域 D 可以用不等式 $\varphi_1(x) \leqslant y \leqslant \varphi_2(x)$，$a \leqslant x \leqslant b$（也称为 X-型的积分区域），其中函数 $\varphi_1(x)$、$\varphi_2(x)$ 在区间 $[a,b]$ 上连续.

应用计算"平行截面面积为已知的立体的体积"的方法，来计算这个曲顶柱体的体积.

为计算截面面积，在区间 $[a,b]$ 上任意取定一点 x_0，作平行于 yOz 面的平面 $x = x_0$. 该平面截曲顶柱体所得截面是一个以区间 $[\varphi_1(x_0), \varphi_2(x_0)]$ 为底、曲线 $z = f(x_0, y)$ 为曲边的曲边梯形，所以该截面的面积为：$A(x_0) = \int_{\varphi_1(x_0)}^{\varphi_2(x_0)} f(x_0, y)\mathrm{d}y$.

一般地，过区间 $[a,b]$ 上任一点 x 且平行于 yOz 面的平面截曲顶柱体所得截面的面积为 $A(x) = \int_{\varphi_1(x)}^{\varphi_2(x)} f(x,y)\mathrm{d}y$，于是，得曲顶柱体的体积为

$$V = \int_a^b A(x)\mathrm{d}x = \int_a^b \left[\int_{\varphi_1(x)}^{\varphi_2(x)} f(x,y)\mathrm{d}y\right]\mathrm{d}x.$$

这个体积也就是所求二重积分的值，从而有等式

$$\iint\limits_D f(x,y)\mathrm{d}\sigma = \int_a^b \left[\int_{\varphi_1(x)}^{\varphi_2(x)} f(x,y)\mathrm{d}y\right]\mathrm{d}x. \tag{9-2}$$

上式右端的积分叫作先对 y、后对 x 的二次积分．也就是说，先把 x 看作常数，把 $f(x,y)$ 只看作 y 的函数，并对 y 计算从 $\varphi_1(x)$ 到 $\varphi_2(x)$ 的定积分，然后把算得的结果（是 x 的函数）再对 x 计算在区间 $[a,b]$ 上的定积分．

因此，等式（9-2）也可以写成

$$\iint\limits_D f(x,y)d\sigma = \int_a^b dx \left[\int_{\varphi_1(x)}^{\varphi_2(x)} f(x,y)dy \right]. \tag{9-3}$$

在上述讨论中，假定 $f(x,y) \geq 0$，但实际上公式（9-1）的成立并不受此条件限制.

类似地，如果积分区域 D 可以用不等式 $\psi_1(y) \leq x \leq \psi_2(y)$（$c \leq y \leq d$）表示（也称为 Y-型的积分区域），其中函数 $\psi_1(y)$、$\psi_2(y)$ 在区间 $[c,d]$ 上连续，则有

$$\iint\limits_D f(x,y)d\sigma = \int_c^d \left[\int_{\psi_1(y)}^{\psi_2(y)} f(x,y)dx \right]dy. \tag{9-4}$$

上式右端的积分叫作先对 x、后对 y 的二次积分，这个积分也常记作

$$\iint\limits_D f(x,y)d\sigma = \int_c^d dy \left[\int_{\psi_1(y)}^{\psi_2(y)} f(x,y)dx \right]. \tag{9-5}$$

这就是把二重积分化为先对 x、后对 y 的二次积分的公式.

如果积分区域 D 既不是 X-型的，也不是 Y-型的，则可以把 D 分成几个部分，使每个部分是 X-型区域或是 Y-型区域. 如果积分区域 D 既是 X-型的，又是 Y-型的，则由式（9-3）及式（9-5）得 $\int_a^b dx \int_{\varphi_1(x)}^{\varphi_2(x)} f(x,y)dy = \int_c^d dy \int_{\psi_1(y)}^{\psi_2(y)} f(x,y)dx$，该式表明，这两个不同次序的二次积分相等，因为它们都等于同一个二重积分 $\iint\limits_D f(x,y)d\sigma$.

当二重积分化为二次积分时，确定积分限是关键，而积分限是根据积分区域 D 的类型来确定的.

例 9-1 计算 $\iint\limits_D xy d\sigma$，其中 D 是由直线 $y=1$、$x=2$ 及 $y=x$ 所围成的闭区域.

解 法一 画出积分区域 D，可确定 D 是 X-型的，进行求解：

$$\iint\limits_D xy d\sigma = \int_1^2 dx \int_1^x xy dy = \int_1^2 x\left(\frac{1}{2}x^2 - \frac{1}{2}\right)dx = \frac{9}{8}.$$

法二 画出积分区域 D，可确定 D 是 Y-型的，进行求解.

$$\iint\limits_D xy d\sigma = \int_1^2 dy \int_y^2 xy dx = \int_1^2 y\left(2 - \frac{1}{2}y^2\right)dy = \frac{9}{8}.$$

例 9-2 求各底圆半径都等于 R 的直交圆柱面所围成的立体的体积.

解 设这两个圆柱面的方程分别为 $x^2+y^2=R^2$ 及 $x^2+z^2=R^2$.

利用立体关于坐标平面的对称性，只要算出它在第一卦限部分的体积，然后乘 8 即可

$$V = 8V_1 = 8\iint\limits_D \sqrt{R^2-x^2} d\sigma = 8 \times \frac{2}{3}R^3 = \frac{16}{3}R^3.$$

9.2.2 利用极坐标计算二重积分

有些二重积分，积分区域 D 的边界曲线用极坐标方程来表示比较方便，且被积函数用极坐标变量 r、θ 比较简单.

这时，就可以考虑利用极坐标来计算二重积分 $\iint_D f(x,y)\mathrm{d}\sigma$.

按二重积分的定义有 $\iint_D f(x,y)\mathrm{d}\sigma = \lim_{\lambda \to 0}\sum_{i=1}^n f(\zeta_i,\eta_i)\Delta\sigma_i$，由于在直角坐标系中，$\iint_D f(x,y)\mathrm{d}\sigma$ 也常记作 $\iint_D f(x,y)\mathrm{d}x\mathrm{d}y$，所以上式又可写成

$$\iint_D f(x,y)\mathrm{d}x\mathrm{d}y = \iint_D f(r\cos\theta, r\sin\theta)r\mathrm{d}r\mathrm{d}\theta.$$

这就是二重积分的变量从直角坐标变换为极坐标的变换公式.

极坐标中的二重积分同样可以化为二次积分来计算.

当 $\varphi_1(\theta) \leqslant r \leqslant \varphi_2(\theta)$，$\alpha \leqslant \theta \leqslant \beta$ 时，有

$$\iint_D f(r\cos\theta, r\sin\theta)r\mathrm{d}r\mathrm{d}\theta = \int_\alpha^\beta \mathrm{d}\theta \left[\int_{\varphi_1(\theta)}^{\varphi_2(\theta)} f(r\cos\theta, r\sin\theta)r\mathrm{d}r\right] \tag{9-6}$$

当 $0 \leqslant r \leqslant \varphi(\theta)$，$\alpha \leqslant \theta \leqslant \beta$ 时，有

$$\iint_D f(r\cos\theta, r\sin\theta)r\mathrm{d}r\mathrm{d}\theta = \int_\alpha^\beta \mathrm{d}\theta \int_0^{\varphi(\theta)} f(r\cos\theta, r\sin\theta)r\mathrm{d}r. \tag{9-7}$$

当 $0 \leqslant r \leqslant \varphi(\theta)$，$0 \leqslant \theta \leqslant 2\pi$ 时，有

$$\iint_D f(r\cos\theta, r\sin\theta)r\mathrm{d}r\mathrm{d}\theta = \int_0^{2\pi} \mathrm{d}\theta \int_0^{\varphi(\theta)} f(r\cos\theta, r\sin\theta)r\mathrm{d}r. \tag{9-8}$$

由二重积分的性质 9-3，闭区域 D 的面积 S 可以表示为 $\sigma = \iint_D \mathrm{d}s$，在极坐标系中，面积元素 $\mathrm{d}s = r\mathrm{d}r\mathrm{d}\theta$，上式成为：$\sigma = \iint_D r\mathrm{d}r\mathrm{d}\theta = \int_\alpha^\beta \mathrm{d}\theta \int_{\varphi_1(\theta)}^{\varphi_2(\theta)} r\mathrm{d}r = \frac{1}{2}\int_\alpha^\beta \left[\varphi_2^2(\theta) - \varphi_1^2(\theta)\right]\mathrm{d}\theta$.

例 9-3 计算 $\iint_D \mathrm{e}^{-x^2-y^2}\mathrm{d}x\mathrm{d}y$，其中 D 是由中心在原点、半径为 a 的圆周所围成的闭区域.

解 在极坐标系下，闭区域 D 可表示为 $0 \leqslant r \leqslant a$，$0 \leqslant \theta \leqslant 2\pi$，由公式有

$$\iint_D \mathrm{e}^{-x^2-y^2}\mathrm{d}x\mathrm{d}y = \iint_D \mathrm{e}^{-r^2} r\mathrm{d}r\mathrm{d}\theta = \int_0^{2\pi}\mathrm{d}\theta \int_0^a \mathrm{e}^{-r^2} \cdot r\mathrm{d}r = \pi(1 - \mathrm{e}^{-a^2}).$$

9.3 三重积分

9.3.1 三重积分的概念

背景：当求某非均匀密度的空间有界闭区域 Ω 的质量时，通过"分割、近似、求和、取极限"的步骤，利用求柱体的质量方法来得到结果. 一类大量的"非均匀"问题都采用类似的方法，从而归结出下面一类积分的定义.

定义 9-2 设 $f(x,y,z)$ 是定义在三维空间可求体积的有界闭区域 V 上的函数，J 是一个确

定的数,若对任给的正数 ε,总存在某个正数 δ,使对于 V 的任何分割 T,当它的细度 $\|T\|<\delta$ 时,属于 T 的所有积分和都有 $\left|\sum_{i=1}^{N}f(\xi_i,\eta_i,\zeta_i)\Delta V_i - J\right|<\varepsilon$,则称 $f(x,y,z)$ 在 V 上可积,数 J 称为函数 $f(x,y,z)$ 在 V 上的三重积分,记作 $J=\iiint\limits_{V}f(x,y,z)\mathrm{d}V$.

其中,$f(x,y,z)$ 称为三重积分的被积函数,x、y、z 称为积分变量,V 称为积分区域.

可积函数类如下:

(1)有界闭区域 V 上的连续函数必可积.

(2)直角坐标系下,如果用平行坐标面的平面划分闭区域 V,则三重积分记作 $J=\iiint\limits_{V}f(x,y,z)\,\mathrm{d}x\mathrm{d}y\mathrm{d}z$.

9.3.2 化三重积分为累次积分

定理 9-1 若函数 $f(x,y,z)$ 在长方体 $V=[a,b]\times[c,d]\times[e,f]$ 上的三重积分存在,且对任何 $x\in[a,b]$,二重积分 $I(x)=\iint\limits_{D}f(x,y,z)\mathrm{d}y\mathrm{d}z$ 存在,其中 $D=[c,d]\times[e,f]$,则积分 $\int_a^b\mathrm{d}x\iint\limits_{D}f(x,y,z)\mathrm{d}\sigma$ 也存在,且

$$\iiint\limits_{V}f(x,y,z)\mathrm{d}x\mathrm{d}y\mathrm{d}z=\int_a^b\mathrm{d}x\iint\limits_{D}f(x,y,z)\mathrm{d}\sigma. \qquad (9\text{--}9)$$

证 用平行于坐标轴的平面网 T 作分割,它把 V 分成有限个小长方体

$$v_{ijk}=[x_{i-1},x_i]\times[y_{j-1},y_j]\times[z_{k-1},z_k].$$

设 M_{ijk}、m_{ijk} 分别为在 v_{ijk} 上的上、下确界. 对于 $[x_{i-1},x_i]$ 上任一点 ξ_i,在 $D_{jk}=[y_{j-1},y_j]\times[z_{k-1},z_k]$ 上有 $m_{ijk}\Delta y_j\Delta z_k \leqslant \iint\limits_{D_{jk}}f(\xi_i,y,z)\mathrm{d}y\mathrm{d}z \leqslant M_{ijk}\Delta y_j\Delta z_k$.

现按下标 j、k 相加,则有 $\sum\limits_{j,k}\iint\limits_{D_{jk}}f(\xi_i,y,z)\mathrm{d}y\mathrm{d}z=\iint\limits_{D}f(\xi_i,y,z)\mathrm{d}y\mathrm{d}z=I(\xi_i)$,以及

$$\sum_{i,j,k}m_{ijk}\Delta y_j\Delta_{zk} \leqslant \sum_i I(\xi_i)\Delta x_i \leqslant \sum_{i,j,k}M_{ijk}\Delta y_j\Delta z_k. \qquad (9\text{--}10)$$

上述不等式两边是分割 T 的上和与下和. 由于 $f(x,y,z)$ 在 V 上可积,当 $\|T\|\to 0$ 时,下和与上和具有相同的极限,所以由式(9-10)得 $I(x)$ 在 $[a,b]$ 上可积且

$$\int_a^b I(x)\mathrm{d}x=\iiint\limits_{V}f(x,y,z)\mathrm{d}x\mathrm{d}y\mathrm{d}z.$$

由 9.2 节知道,式(9-9)右端的二重积分 $\iint\limits_{D}f(x,y,z)\mathrm{d}\sigma$ 可化为累次积分计算,于是就能把式(9-9)左边的三重积分化为三次积分来计算. 如化为先对 z,然后对 y,最后对 x 来求积分,则为 $\iiint\limits_{V}f(x,y,z)\mathrm{d}x\mathrm{d}y\mathrm{d}z=\int_a^b\mathrm{d}x\int_c^d\mathrm{d}y\int_e^f f(x,y,z)\mathrm{d}z$.

为了方便，有时也可采用其他的计算顺序.

若简单区域 V 由集合

$V = \{(x,y,z) | z_1(x,y) \leq z \leq z_2(x,y), y_1(x) \leq y \leq y_2(x), a \leq x \leq b\}$ 所确定，V 在 xOy 平面上的投影区域 $D = \{(x,y) | y_1(x) \leq y \leq y_2(x), a \leq x \leq b\}$ 是一个 X-型区域，设 $z_1(x,y)$，$z_2(x,y)$ 在 D 上连续，$y_1(x)$，$y_2(x)$ 在 $[a,b]$ 上连续，则

$$\iiint_V f(x,y,z)\mathrm{d}x\mathrm{d}y\mathrm{d}z = \iint_D \mathrm{d}x\mathrm{d}y \int_{z_1(x,y)}^{z_2(x,y)} f(x,y,z)\mathrm{d}z = \int_a^b \mathrm{d}x \int_{y_1(x)}^{y_2(x)} \mathrm{d}y \int_{z_1(x,y)}^{z_2(x,y)} f(x,y,z)\mathrm{d}z,$$

其他简单区域类似.

一般区域 V 上的三重积分，常将区域分解为有限个简单区域上的积分的和来计算.

例 9-4 计算 $\iiint_V \dfrac{1}{x^2+y^2}\mathrm{d}x\mathrm{d}y\mathrm{d}z$，其中 V 为由平面 $x=1$，$x=2$，$z=0$，$y=x$，$z=y$ 所围的区域（见图 9-2）.

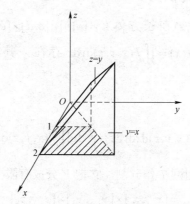

图 9-2

解 $\iiint_V \dfrac{1}{x^2+y^2}\mathrm{d}x\mathrm{d}y\mathrm{d}z = \int_1^2 \mathrm{d}x \int_0^x \mathrm{d}y \int_0^y \dfrac{1}{x^2+y^2}\mathrm{d}z = \int_1^2 \mathrm{d}x \int_0^x \dfrac{y}{x^2+y^2}\mathrm{d}y = \int_1^2 \dfrac{1}{2}\ln 2 \mathrm{d}x = \dfrac{1}{2}\ln 2.$

例 9-5 求 $\iiint_V \left(\dfrac{x^2}{a^2} + \dfrac{y^2}{b^2} + \dfrac{z^2}{c^2}\right)\mathrm{d}x\mathrm{d}y\mathrm{d}z$，其中 V 为 $\dfrac{x^2}{a^2} + \dfrac{y^2}{b^2} + \dfrac{z^2}{c^2} \leq 1$.

解 $I = \iiint_V \dfrac{x^2}{a^2}\mathrm{d}x\mathrm{d}y\mathrm{d}z + \iiint_V \dfrac{y^2}{b^2}\mathrm{d}x\mathrm{d}y\mathrm{d}z + \iiint_V \dfrac{z^2}{c^2}\mathrm{d}x\mathrm{d}y\mathrm{d}z,$

而 $\iiint_V \dfrac{x^2}{a^2}\mathrm{d}x\mathrm{d}y\mathrm{d}z = \int_{-a}^{a} \dfrac{x^2}{a^2}\mathrm{d}x \iint_{R_x} \mathrm{d}y\mathrm{d}z$，$R_x$ 为区域：$\dfrac{y^2}{b^2} + \dfrac{z^2}{c^2} \leq 1 - \dfrac{x^2}{a^2}$，

即 $\dfrac{y^2}{b^2\left(1-\dfrac{x^2}{a^2}\right)} + \dfrac{z^2}{c^2\left(1-\dfrac{x^2}{a^2}\right)} \leq 1$，其面积为 $\pi bc\left(1-\dfrac{x^2}{a^2}\right)$，故

$$\iiint_V \dfrac{x^2}{a^2}\mathrm{d}x\mathrm{d}y\mathrm{d}z = \int_{-a}^{a} \dfrac{x^2}{a^2}\pi bc\left(1-\dfrac{x^2}{a^2}\right)\mathrm{d}x = \dfrac{4}{15}\pi acb.$$

同样可得 $\iiint\limits_V \dfrac{y^2}{b^2}\mathrm{d}x\mathrm{d}y\mathrm{d}z = \iiint\limits_V \dfrac{z^2}{c^2}\mathrm{d}x\mathrm{d}y\mathrm{d}z = \dfrac{4}{15}\pi abc$.

所以 $I = 3 \times \dfrac{4}{15}\pi abc = \dfrac{4}{5}\pi abc$.

9.3.3 柱面坐标系下三重积分的计算

如图 9-3 所示，直角坐标和柱面坐标的变换关系为

$$\begin{cases} x = r\cos\theta & 0 \leqslant r < +\infty \\ y = r\sin\theta & 0 \leqslant \theta \leqslant 2\pi \\ z = z & -\infty < z < +\infty \end{cases},$$

则有

$$\iiint\limits_V f(x,y,z)\mathrm{d}x\mathrm{d}y\mathrm{d}z = \iiint\limits_V f(r\cos\theta, r\sin\theta, z)r\mathrm{d}r\mathrm{d}\theta\mathrm{d}z.$$

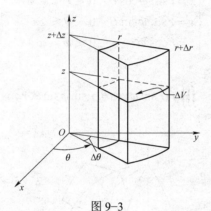

图 9-3

在柱面坐标系中：

$r =$ 常数，是以 z 轴为中心轴的圆柱面；

$\theta =$ 常数，是过 z 轴的半平面；

$z =$ 常数，是垂直于 z 轴的平面.

当 V 在平面上的投影区域为 D，即 $V = \{(x,y,z) | z_1(x,y) \leqslant z \leqslant z_2(x,y), (x,y) \in D\}$ 时

$$\iiint\limits_V f(x,y,z)\mathrm{d}x\mathrm{d}y\mathrm{d}z = \iint\limits_D \mathrm{d}x\mathrm{d}y \int_{z_1(x,y)}^{z_2(x,y)} f(x,y,z)\mathrm{d}z,$$

其中，二重积分部分应用极坐标计算.

例 9-6 计算 $\iiint\limits_V (x^2+y^2)\mathrm{d}x\mathrm{d}y\mathrm{d}z$，其中 V 是以曲面 $2(x^2+y^2)=z$ 与 $z=4$ 为界面的区域（见图 9-4）.

解 V 在 xOy 面上的投影区域 D 为 $x^2 + y^2 \leqslant 2$，

$$\iiint\limits_V (x^2+y^2)\mathrm{d}x\mathrm{d}y\mathrm{d}z = \iiint\limits_{V'} r^3 \mathrm{d}r\mathrm{d}\theta\mathrm{d}z = \int_0^{2\pi}\mathrm{d}\theta \int_0^{\sqrt{2}} \mathrm{d}r \int_{2r^2}^4 r^3 \mathrm{d}z = \dfrac{8\pi}{3}.$$

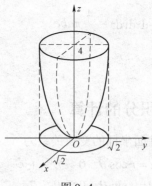

图 9-4

9.3.4 球坐标系下三重积分的计算

如图 9-5 所示，直角坐标和球面坐标的变换关系为
$$\begin{cases} x = r\sin\varphi\cos\theta & 0 \leqslant r < +\infty \\ y = r\sin\varphi\sin\theta & 0 \leqslant \theta \leqslant 2\pi \\ z = r\cos\varphi & 0 \leqslant \varphi \leqslant \pi \end{cases},$$

则有

$$\iiint_V f(x,y,z)\mathrm{d}x\mathrm{d}y\mathrm{d}z = \iiint_V f(r\sin\varphi\cos\theta, r\sin\varphi\sin\theta, r\cos\varphi)r^2\sin\varphi\mathrm{d}r\mathrm{d}\varphi\mathrm{d}\theta.$$

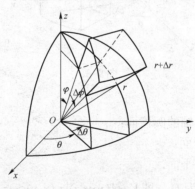

图 9-5

在球面坐标系中：

$r=$常数，是以原点为中心的球面；

$\theta=$常数，是过 z 轴的半平面；

$\varphi=$常数，是以原点为顶点，以 z 轴为中心轴的圆锥面.

当 $V = \{(r,\varphi,\theta)|r_1(\varphi,\theta) \leqslant r \leqslant r_2(\varphi,\theta),\ \varphi_1(\theta) \leqslant \varphi \leqslant \varphi_2(\theta),\ \theta_1 \leqslant \theta \leqslant \theta_2\}$ 时，

$$\iiint_V f(x,y,z)\mathrm{d}x\mathrm{d}y\mathrm{d}z = \int_{\theta_1}^{\theta_2}\mathrm{d}\theta\int_{\varphi_1(\theta)}^{\varphi_2(\theta)}\mathrm{d}\varphi\int_{r_1(\varphi,\theta)}^{r_2(\varphi,\theta)} f(r\sin\varphi\cos\theta, r\sin\varphi\sin\theta, r\cos\varphi)r^2\sin\varphi\mathrm{d}r.$$

例 9-7 求由圆锥体 $z \geqslant \sqrt{x^2+y^2}\cot\beta$ 和球体 $x^2+y^2+(z-a)^2 \leqslant a^2$ 所确定的立体体积

（见图 9-6），其中 $\beta \in \left(0, \dfrac{\pi}{2}\right)$ 和 $a > 0$ 为常数.

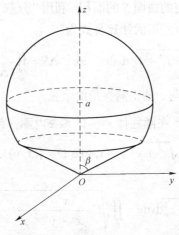

图 9-6

解 球面方程 $x^2 + y^2 + (z-a)^2 = a^2$ 在球坐标系下表示为 $r = 2a\cos\varphi$，圆锥面 $z = \sqrt{x^2 + y^2} \cdot \cot\beta$ 在球坐标系下表示为 $\varphi = \beta$，$V = \{(r, \varphi, \theta) \mid 0 \le r \le 2a\cos\varphi, 0 \le \varphi \le \beta, 0 \le \theta \le 2\pi\}$，故立体体积为

$$\iiint\limits_V dv = \int_0^{2\pi} d\theta \int_0^\beta d\varphi \int_0^{2a\cos\varphi} r^2 \sin\varphi dr = \frac{4}{3}\pi a^3 (1 - \cos^4 \beta).$$

例 9-8 求 $I = \iiint\limits_V z dx dy dz$，其中 V 为由 $\dfrac{x^2}{a^2} + \dfrac{y^2}{b^2} + \dfrac{z^2}{c^2} \le 1$ 与 $z \ge 0$ 所围区域.

解 作广义球坐标变换：

变换 T：$\begin{cases} x = ar\sin\varphi\cos\theta & 0 \le r < +\infty \\ y = br\sin\varphi\sin\theta & 0 \le \theta \le 2\pi \\ z = cr\cos\varphi & 0 \le \varphi \le \pi \end{cases}$，$J(r, \varphi, \theta) = abcr^2 \sin\varphi$，

则有

$$V = \left\{(r, \varphi, \theta) \;\middle|\; 0 \le r \le 1, 0 \le \varphi \le \frac{\pi}{2}, 0 \le \theta \le 2\pi\right\},$$

$$I = \iiint\limits_V z dx dy dz = \iiint\limits_V abc^2 r^3 \sin\varphi\cos\varphi dr d\varphi d\theta = abc^2 \int_0^{2\pi} d\theta \int_0^{\frac{\pi}{2}} d\varphi \int_0^1 r^3 \sin\varphi\cos\varphi dr = \frac{\pi}{4} abc^2.$$

9.4 重积分的应用

本节介绍重积分在几何与力学方面的几点应用.

9.4.1 曲面的面积

设 D 是可求面积的平面有界区域，函数 $f(x,y)$ 在 D 上具有连续的一阶偏导数，讨论由方程 $z=f(x,y),(x,y)\in D$ 所确定的曲面 S 的面积. 利用"分割—近似—求和—取极限"和"以平代曲"的思想，可得上述曲面面积的计算公式为

$$\Delta S = \iint_D \sqrt{1+f_x^2+f_y^2}\,\mathrm{d}x\mathrm{d}y \quad \text{或} \quad \Delta S = \iint_D \frac{\mathrm{d}x\mathrm{d}y}{|\cos(\widehat{\boldsymbol{n},z})|},$$

其中 $|\cos(\widehat{\boldsymbol{n},z})|$ 为曲面的法向量与 z 轴正向夹角的余弦.

例 9-9 求圆锥 $z=\sqrt{x^2+y^2}$ 在圆柱体 $x^2+y^2\leqslant x$ 内那一部分的面积.

解 由题意，即求曲面 $z=\sqrt{x^2+y^2}$，$(x,y)\in D=\{(x,y)\,|\,x^2+y^2\leqslant x\}$ 的面积，由面积计算公式，得

$$\Delta S = \iint_D \sqrt{1+z_x^2+z_y^2}\,\mathrm{d}x\mathrm{d}y = \iint_D \sqrt{1+\frac{x^2}{x^2+y^2}+\frac{y^2}{x^2+y^2}}\,\mathrm{d}x\mathrm{d}y = \frac{\sqrt{2}}{4}\pi.$$

9.4.2 重心

1. 空间物体的重心

设空间物体 V，密度函数为 $\rho(x,y,z)$，在 V 上连续，V 的重心坐标公式为

$$\bar{x}=\frac{\iiint_V x\rho(x,y,z)\mathrm{d}V}{\iiint_V \rho(x,y,z)\mathrm{d}V},\quad \bar{y}=\frac{\iiint_V y\rho(x,y,z)\mathrm{d}V}{\iiint_V \rho(x,y,z)\mathrm{d}V},\quad \bar{z}=\frac{\iiint_V z\rho(x,y,z)\mathrm{d}V}{\iiint_V \rho(x,y,z)\mathrm{d}V}.$$

当物体密度均匀，即 $\rho\equiv$ 常数时，上述公式简化为

$$\bar{x}=\frac{1}{\Delta V}\iiint_V x\mathrm{d}V,\quad \bar{y}=\frac{1}{\Delta V}\iiint_V y\mathrm{d}V,\quad \bar{z}=\frac{1}{\Delta V}\iiint_V z\mathrm{d}V,$$

其中 ΔV 为 V 的体积.

例 9-10 求密度均匀的上半椭球体的重心.

解 设椭球体方程为 $\dfrac{x^2}{a^2}+\dfrac{y^2}{b^2}+\dfrac{z^2}{c^2}\leqslant 1$，

由对称性及重心坐标公式，有

$$\bar{x}=0,\quad \bar{y}=0,\quad \bar{z}=\frac{1}{\frac{2}{3}\pi abc}\iiint_V z\mathrm{d}x\mathrm{d}y\mathrm{d}z = \frac{1}{\frac{2}{3}\pi abc}\cdot\frac{\pi abc^2}{4}=\frac{3}{8}c.$$

2. 平面薄板的重心

密度分布为 $\rho(x,y)$ 的平面薄板 D 的重心坐标为

$$\bar{x}=\frac{\iint_D x\rho(x,y)\mathrm{d}\sigma}{\iint_D \rho(x,y)\mathrm{d}\sigma},\quad \bar{y}=\frac{\iint_D y\rho(x,y)\mathrm{d}\sigma}{\iint_D \rho(x,y)\mathrm{d}\sigma}.$$

当平面薄板的密度均匀，即 $\rho \equiv$ 常数时，上述公式简化为

$$\bar{x} = \frac{1}{\Delta D}\iint_D x\mathrm{d}\sigma, \quad \bar{y} = \frac{1}{\Delta D}\iint_D y\mathrm{d}\sigma,$$

其中 ΔD 为 D 的面积.

9.4.3 转动惯量

1. 空间物体 V 的转动惯量

空间物体 V，密度函数为 $\rho(x,y,z)$，在 V 上连续，该物体对于 x 轴、y 轴、z 轴的转动惯量分别为

$$J_x = \iiint_V (y^2+z^2)\rho(x,y,z)\mathrm{d}V, \quad J_y = \iiint_V (x^2+z^2)\rho(x,y,z)\mathrm{d}V, \quad J_z = \iiint_V (x^2+y^2)\rho(x,y,z)\mathrm{d}V.$$

该物体对于坐标平面的转动惯量分别为

$$J_{xy} = \iiint_V z^2\rho(x,y,z)\mathrm{d}V, \quad J_{yz} = \iiint_V x^2\rho(x,y,z)\mathrm{d}V, \quad J_{xz} = \iiint_V y^2\rho(x,y,z)\mathrm{d}V.$$

2. 平面薄板的转动惯量

密度分布为 $\rho(x,y)$ 的平面薄板 D 对坐标轴的转动惯量为

$$J_x = \iint_D y^2\rho(x,y)\mathrm{d}\sigma, \quad J_y = \iint_D x^2\rho(x,y)\mathrm{d}\sigma.$$

对一般转动轴 l，转动惯量为 $J_l = \iint_D r^2(x,y)\rho(x,y)\mathrm{d}\sigma$,

其中 $r(x,y)$ 为点 (x,y) 到 l 的距离函数.

例 9–11 求密度均匀的圆环 D 对于垂直于圆环面的中心轴的转动惯量.

解 设 $D = \{(x,y) \mid R_1^2 \leqslant x^2+y^2 \leqslant R_2^2\}$，密度为 ρ，则

$$J = \iint_D (x^2+y^2)\rho\mathrm{d}\sigma = \rho\int_0^{2\pi}\mathrm{d}\theta\int_{R_1}^{R_2} r^3\mathrm{d}r = \frac{m}{2}(R_1^2+R_2^2).$$

例 9–12 求均匀圆盘 D 对于其直径的转动惯量.

解 设圆盘为 $D = \{(x,y) \mid x^2+y^2 \leqslant R^2\}$，密度为 ρ，对 y 轴的转动惯量为

$$J = \iint_D x^2\rho\mathrm{d}\sigma = \rho\int_0^{2\pi}\mathrm{d}\theta\int_0^R r^3\cos^2\theta\mathrm{d}r = \frac{m}{4}R^2.$$

例 9–13 设球体的密度与球心的距离成正比，求它对于切平面的转动惯量.

解 球体 $V = \{(x,y,z) \mid x^2+y^2+z^2 \leqslant R^2\}$，密度 $\rho(x,y,z) = k\sqrt{x^2+y^2+z^2}$，$k$ 为比例常数，切平面 $x = R$，则转动惯量为

$$J = k\iiint_V (R-x)^2\sqrt{x^2+y^2+z^2}\mathrm{d}x\mathrm{d}y\mathrm{d}z = k\int_0^{2\pi}\mathrm{d}\theta\int_0^\pi \mathrm{d}\varphi\int_0^R r^3(R-r\sin\varphi\cos\theta)^2\sin\varphi\mathrm{d}r$$

$$= \frac{11}{9}k\pi R^6.$$

9.4.4 引力

利用微元法，可得密度为 $\rho(x,y,z)$ 的立体 V 对立体外质量为 1 的质点 $A(\xi,\eta,\zeta)$ 的引力为

$\vec{F}=(F_x,F_y,F_z)$，$F_x=k\iiint\limits_V\dfrac{x-\xi}{r^3}\rho\mathrm{d}V$，$F_y=k\iiint\limits_V\dfrac{y-\eta}{r^3}\rho\mathrm{d}V$，$F_z=k\iiint\limits_V\dfrac{z-\zeta}{r^3}\rho\mathrm{d}V$.

例 9-14 求密度均匀的球体 V 对球外质量为 1 的点 A 的引力.

解 设球体为 $V=\{(x,y,z)\mid x^2+y^2+z^2\leqslant R^2\}$，点 $A(0,0,a)$，其中 $R<a$，于是

$$F_x=F_y=0,$$

$$F_z=k\iiint\limits_V\dfrac{z-a}{[x^2+y^2+(z-a)^2]^{\frac{3}{2}}}\rho\mathrm{d}x\mathrm{d}y\mathrm{d}z$$

$$=k\rho\int_{-R}^{R}(z-a)\mathrm{d}z\iint\limits_D\dfrac{z-a}{[x^2+y^2+(z-a)^2]^{\frac{3}{2}}}\mathrm{d}x\mathrm{d}y \quad (D:x^2+y^2\leqslant R^2-z^2)$$

$$=-\dfrac{4}{3a^2}k\pi\rho R^3.$$

9.5 知 识 拓 展

射线最深点的半径

震中距的表达式为

$$\Delta=2p\int_{r_1}^{R}\dfrac{\mathrm{d}r}{r\sqrt{\xi^2-p^2}},\tag{9-11}$$

其中 $\xi=\dfrac{r}{v}$，r_1 为射线转折点距地心的距离，$p=\dfrac{r\sin i}{v(r)}$，R 为地球半径.

将积分公式 $\int_{p=\xi_1}^{p=\xi_0}\dfrac{\mathrm{d}p}{\sqrt{p^2-\xi_1^2}}$（其中 $\xi_0=\dfrac{R}{v_0}$；$\xi_1=\dfrac{r_1}{v_1}=p_1$）作用于震中距表达式（9-11）

的两边，得到

$$\int_{\xi_1}^{\xi_0}\dfrac{\Delta\mathrm{d}p}{\sqrt{p^2-\xi_1^2}}=\int_{\xi_1}^{\xi_0}\mathrm{d}p\int_{r_1}^{R}\dfrac{2p}{r\sqrt{\xi^2-p^2}\sqrt{p^2-\xi_1^2}}\mathrm{d}r.\tag{9-12}$$

式（9-12）的左边变为

$$\int_{\xi_1}^{\xi_0}\dfrac{\Delta\mathrm{d}p}{\sqrt{p^2-\xi_1^2}}=\int\dfrac{\Delta\mathrm{d}\left(\dfrac{p}{\xi_1}\right)}{\sqrt{\left(\dfrac{p}{\xi_1}\right)^2-1}}=\Delta\operatorname{arcosh}\left(\dfrac{p}{\xi_1}\right)\Bigg|_{p=\xi_1}^{p=\xi_0}-\int_{p=\xi_1}^{p=\xi_0}\dfrac{\mathrm{d}\Delta}{\mathrm{d}p}\operatorname{arcosh}\left(\dfrac{p}{\xi_1}\right)\mathrm{d}p=\int_0^{\Delta_1}\operatorname{arcosh}\left(\dfrac{p}{\xi_1}\right)\mathrm{d}\Delta.$$

其中，Δ_1 为转折半径 r_1 的射线所走过的震中距.

式（9-12）的右边 $\sqrt{\xi^2-p^2}$ 为实数，因此，$p<\xi$，故右边变为

$$\int_{r_1}^{R}\frac{\mathrm{d}r}{r}\int_{p=\xi_1}^{p=\xi}\frac{2p\mathrm{d}p}{\sqrt{p^2-\xi_1^2}\sqrt{\xi^2-p^2}}=\int_{r_1}^{R}\frac{\mathrm{d}r}{r}\int_{p=\xi_1}^{p=\xi}\frac{\mathrm{d}p^2}{\sqrt{-\xi^2\xi_1^2+\left(\xi^2+\xi_1^2\right)p^2-p^4}}$$

$$=\int_{r_1}^{R}\frac{\mathrm{d}r}{r}\arcsin\left[\frac{2p^2-\left(\xi^2+\xi_1^2\right)}{\xi^2-\xi_1^2}\right]_{p=\xi_1}^{p=\xi}=\int_{r_1}^{R}\frac{\mathrm{d}r}{r}\left(\arcsin[1]-\arcsin[-1]\right)$$

$$=\int_{r_1}^{R}\frac{\mathrm{d}r}{r}\pi=\pi\int_{r_1}^{R}\frac{\mathrm{d}r}{r}=\pi\ln r\bigg|_{r_1}^{R}=\pi\ln\left(\frac{R}{r_1}\right),$$

因此，式（9-12）变为

$$\ln\left(\frac{R}{r_1}\right)=\frac{1}{\pi}\int_{0}^{A_1}\operatorname{arcosh}\left(\frac{p}{\xi_1}\right)\mathrm{d}\varDelta, \tag{9-13}$$

令 $S_1=\int_{0}^{A_1}\operatorname{arcosh}\left(\frac{p}{\xi_1}\right)\mathrm{d}\varDelta$，可以得到

$$r_1=\frac{R}{\mathrm{e}^{\frac{S_1}{\pi}}}, \tag{9-14}$$

这就是射线最深点的半径的表达式.

本 章 习 题

1. 选择题

（1）判定下列积分值的大小：

$I_1=\iint\limits_{D}\ln^3(x+y)\mathrm{d}x\mathrm{d}y$，$I_2=\iint\limits_{D}(x+y)^3\mathrm{d}x\mathrm{d}y$，$I_3=\iint\limits_{D}\left[\sin(x+y)\right]^3\mathrm{d}x\mathrm{d}y$，其中 D 是由 $x=0$，$y=0$，$x+y=\frac{1}{2}$，$x+y=1$ 所围成，则 I_1、I_2、I_3 之间的大小顺序关系为（　　）.

A. $I_1<I_2<I_3$　　B. $I_3<I_2<I_1$　　C. $I_1<I_3<I_2$　　D. $I_3<I_1<I_2$

（2）交换积分 $\int_{0}^{a}\mathrm{d}y\int_{0}^{y}f(x,y)\mathrm{d}x$（$a$ 为常数）的次序后得（　　）.

A. $\int_{0}^{y}\mathrm{d}x\int_{0}^{a}f(x,y)\mathrm{d}y$　　　　　　B. $\int_{0}^{a}\mathrm{d}x\int_{x}^{a}f(x,y)\mathrm{d}y$

C. $\int_{0}^{a}\mathrm{d}x\int_{0}^{x}f(x,y)\mathrm{d}y$　　　　　　D. $\int_{0}^{a}\mathrm{d}x\int_{0}^{y}f(x,y)\mathrm{d}y$

（3）假设区域 D：$0\leqslant x\leqslant 1,-1\leqslant y\leqslant 0$，则二重积分 $\iint\limits_{D}x\mathrm{e}^{xy}\mathrm{d}x\mathrm{d}y$ 的值等于（　　）.

A. $\frac{1}{\mathrm{e}}$　　　　B. e　　　　C. $-\frac{1}{\mathrm{e}}$　　　　D. 1

（4）区域 D 是由圆周 $x^2+y^2=4$ 及坐标轴所围成的在第一象限内的闭区域，则

$\iint\limits_{D} \ln(1+x^2+y^2)\mathrm{d}x\mathrm{d}y = $（   ）．

A. $\dfrac{\pi}{4}$ B. $\pi(5\ln 5 - 4)$ C. $\dfrac{\pi}{4}(5\ln 5 - 4)$ D. $\dfrac{\pi}{2}(3\ln 5 - 4)$

（5）设平面 $x=1$，$x=-1$，$y=1$，$y=-1$ 所围成的柱体被平面 $z=0$ 和平面 $x+y+z=3$ 所截，则截下部分立体的体积为（   ）．

     A. 10   B. 8   C. 12   D. 16

2. 填空题

（1）设区域 D 为正方形区域 $0 \leqslant x \leqslant 1$，$0 \leqslant y \leqslant 1$，则 $\iint\limits_{D} xy\mathrm{d}x\mathrm{d}y = $ _____．

（2）交换 $\int_0^1 \mathrm{d}y \int_0^y f(x,y)\mathrm{d}x + \int_1^2 \mathrm{d}y \int_0^{2-y} f(x,y)\mathrm{d}x$ 的积分顺序为 _____．

（3）设 D 为半圆环形：$4 \leqslant x^2+y^2 \leqslant 9$，$y \geqslant 0$ 的薄片，点 $M(x,y)$ 处的密度为 $\rho(x,y) = x^2+y^2$，则薄片的质量为 _____．

3. 计算题

1）设函数 $f(x,y)$ 为连续函数，交换积分次序．

（1）$\int_0^2 \mathrm{d}x \int_x^{2x} f(x,y)\mathrm{d}y$；（2）$\int_0^1 \mathrm{d}x \int_0^{2x} f(x,y)\mathrm{d}y + \int_1^3 \mathrm{d}x \int_0^{3-x} f(x,y)\mathrm{d}y$．

2）求 $\iint\limits_{D} \dfrac{x+y}{x^2+y^2}\mathrm{d}x\mathrm{d}y$，其中 D：$x^2+y^2 \leqslant 1$，$x+y \geqslant 1$．

3）求 $\iint\limits_{D} \dfrac{y^3}{x}\mathrm{d}x\mathrm{d}y$，其中 D：$x^2+y^2 \leqslant 1$，$0 \leqslant y \leqslant \sqrt{\dfrac{3}{2}}x$．

4）计算 $\iint\limits_{D} \left(\dfrac{x^2}{a^2}+\dfrac{y^2}{b^2}\right)\mathrm{d}x\mathrm{d}y$，其中 D 是由圆 $x^2+y^2=R^2$ 所围的区域．

5）求三叶玫瑰线 $(x^2+y^2)^2 = a(x^3-3xy^2)$ $(a>0)$ 所围成的平面图形的面积．

6）求由曲面 $z = 8-x^2-y^2$，$z = x^2+y^2$ 所围立体的体积．

4. 证明题

设 $f(x)$ 在 R 上连续，a 为常数．证明

$$\int_0^a \mathrm{d}y \int_0^y \mathrm{e}^{(a-x)} f(x)\mathrm{d}x = \int_0^a (a-x)\mathrm{e}^{(a-x)} f(x)\mathrm{d}x \quad (a>0).$$

第10章 曲线积分与曲面积分

10.1 对弧长的曲线积分

10.1.1 对弧长曲线积分的概念与性质

1. 曲线形构件质量

设一构件在 xOy 面内表示为一段曲线弧 L，端点为 A、B，线密度 $\rho(x,y)$ 连续，求构件质量 M（见图 10–1）.

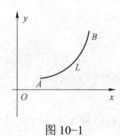

图 10–1

解 （1）分割：将 L 分割 Δs_i $(i=1,2,\cdots,n)$，Δs_i 为弧长；

（2）近似：$\forall (x_i,y_i) \in \Delta s_i$，$\Delta M_i \approx \rho(x_i,y_i) \cdot \Delta s_i$；

（3）求和：$M \approx \sum\limits_{i=1}^{n} \rho(x_i,y_i)\Delta s_i$；

（4）取极限：$M = \lim\limits_{\lambda \to 0}\sum\limits_{i=1}^{n} \rho(x_i,y_i)\Delta s_i$，$\lambda = \max\{\Delta s_1, \Delta s_2, \cdots, \Delta s_n\}$.

2. 定义

L 为 xOy 面内的一条光滑曲线弧，$f(x,y)$ 在 L 上有界，用 M_i 将 L 分成 n 小段 Δs_i，任取一点 $(\xi_i,\eta_i) \in \Delta s_i$ $(i=1,2,\cdots,n)$ 作和 $\sum\limits_{i=1}^{n} f(\xi_i,\eta_i)\Delta s_i$，令 $\lambda = \max\{\Delta s_1, \Delta s_2, \cdots, \Delta s_n\}$，$\lim\limits_{\lambda \to 0}\sum\limits_{i=1}^{n} f(\xi_i,\eta_i)\Delta s_i$ 存在，称此极限值为 $f(x,y)$ 在 L 上对弧长的曲线积分（第一类曲线积分）记为

$$\int_L f(x,y)\mathrm{d}s = \lim_{\lambda \to 0}\sum_{i=1}^{n} f(\xi_i,\eta_i)\Delta s_i.$$

注 ① 若曲线封闭，积分记为 $\oint f(x,y)\mathrm{d}s$.

② 若 $f(x,y)$ 连续，则 $\int_L f(x,y)\mathrm{d}s$ 存在，其结果为一常数.

③ 几何意义：若 $f(x,y)=1$，则 $\int_L f(x,y)\mathrm{d}s = L$（$L$ 为弧长）.

④ 物理意义：$M = \int_L \rho(x,y)\mathrm{d}s$（曲线形构件的质量）.

⑤ 此定义可推广到空间曲线 $\int_\Gamma f(x,z,y)\mathrm{d}s = \lim\limits_{\lambda \to 0}\sum\limits_{i=1}^n f(\xi_i,\eta_i,\zeta_i)\Delta s_i$.

⑥ 将平面薄片重心、转动惯量推广到曲线弧上，则

重心：$\bar{x} = \dfrac{\int_L \rho x \mathrm{d}s}{M}$，$\bar{y} = \dfrac{\int_L \rho y \mathrm{d}s}{M}$，$\bar{z} = \dfrac{\int_L \rho z \mathrm{d}s}{M}$.

转动惯量：$I_x = \int_L y^2 \rho(x,y)\mathrm{d}s$，$I_y = \int_L x^2 \rho(x,y)\mathrm{d}s$.

⑦ 若规定 L 的方向是由 A 指向 B，由 B 指向 A 为负方向，但 $\int_L f(x,y)\mathrm{d}s$ 与 L 的方向无关.

3. 对弧长曲线积分的性质

（1）设 $L = L_1 + L_2$，则 $\int_L f(x,y)\mathrm{d}s = \int_{L_1} f(x,y)\mathrm{d}s + \int_{L_2} f(x,y)\mathrm{d}s$.

（2）$\int_L [f(x,y) \pm g(x,y)]\mathrm{d}s = \int_L f(x,y)\mathrm{d}s \pm \int_L g(x,y)\mathrm{d}s$.

（3）$\int_L k f(x,y)\mathrm{d}s = k \int_L f(x,y)\mathrm{d}s$.

10.1.2 对弧长曲线积分的计算

定理 10–1 设 $f(x,y)$ 在弧 L 上有定义且连续，L 方程 $\begin{cases} x = \varphi(t) \\ y = \psi(t) \end{cases}$ $(\alpha \leqslant t \leqslant \beta)$，$\varphi(t)$、$\psi(t)$ 在 $[\alpha,\beta]$ 上具有一阶连续导数，且 $\varphi'^2(t) + \psi'^2(t) \neq 0$，则曲线积分 $\int_L f(x,y)\mathrm{d}s$ 存在，且

$$\int_L f(x,y)\mathrm{d}s = \int_\alpha^\beta f[\varphi(t),\psi(t)]\sqrt{\varphi'^2(t) + \psi'^2(t)}\mathrm{d}t.$$

说明 从定理 10–1 可以看出

① 计算时将参数式代入 $f(x,y)$，$\mathrm{d}s = \sqrt{\varphi'^2(t) + \psi'^2(t)}\mathrm{d}t$，在 $[\alpha,\beta]$ 上计算定积分.

② 注意：下限 α 一定要小于上限 β，$\alpha < \beta$（因为 Δs_i 恒大于零，所以 $\Delta t_i > 0$）.

③ L：$y = \varphi(x)$，当 $a \leqslant x \leqslant b$ 时，$\int_L f(x,y)\mathrm{d}s = \int_a^b f[x,\varphi(x)]\sqrt{1+[\varphi'(x)]^2}\mathrm{d}x$.

同理 L：$x = \varphi(y)$，当 $c \leqslant y \leqslant d$ 时，$\int_L f(x,y)\mathrm{d}s = \int_c^d f[\varphi(y),y]\sqrt{1+[\varphi'(y)]^2}\mathrm{d}y$.

④ 空间曲线 P：$x = \varphi(t)$，$y = \psi(t)$，$z = \omega(t)$，

$$\int_P f(x,y)\mathrm{d}s = \int_\alpha^\beta f[\varphi(t),\psi(t),\omega(t)]\sqrt{\varphi'^2(t)+\psi'^2(t)+\omega'^2(t)}\mathrm{d}t.$$

例 10-1 计算曲线积分 $\int_L |y|\mathrm{d}s$.

（1）若 L 是第一象限内从点 $A(0,1)$ 到点 $B(1,0)$ 的单位圆弧.

（2）若 L 是 I、IV 象限从 $A(0,1)$ 到 $B'\left(\dfrac{1}{2},-\dfrac{\sqrt{3}}{2}\right)$ 的单位圆弧.

解 （1）如图 10-2 所示，L：$y = \sqrt{1-x^2}$ $(0 \leqslant x \leqslant 1)$，$\mathrm{d}s = \sqrt{1+\dfrac{x^2}{1-x^2}}\mathrm{d}x = \dfrac{\mathrm{d}x}{\sqrt{1-x^2}}$，

因此，$\int_L |y|\mathrm{d}s = \int_0^1 \sqrt{1-x^2} \cdot \dfrac{\mathrm{d}x}{\sqrt{1-x^2}} = \int_0^1 \mathrm{d}x = 1$.

（2）如图 10-3 所示，

$$\int_L |y|\mathrm{d}s = \int_{\widehat{AB}} |y|\mathrm{d}s + \int_{\widehat{BB'}} |y|\mathrm{d}s = \int_0^1 \sqrt{1-x^2} \cdot \dfrac{\mathrm{d}x}{\sqrt{1-x^2}} + \int_{\frac{1}{2}}^1 \sqrt{1-x^2} \cdot \dfrac{\mathrm{d}x}{\sqrt{1-x^2}} = \int_0^1 \mathrm{d}x + \int_{\frac{1}{2}}^1 \mathrm{d}x = \dfrac{3}{2}.$$

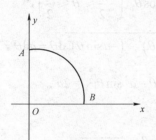

图 10-2　　　　图 10-3

若 L：$x = \sqrt{1-y^2}$ $\left(-\dfrac{\sqrt{3}}{2} \leqslant y \leqslant 1\right)$，$\mathrm{d}s = \sqrt{1+\dfrac{y^2}{1-y^2}}\mathrm{d}y = \dfrac{\mathrm{d}y}{\sqrt{1-y^2}}$，

$$\int_L |y|\mathrm{d}s = \int_{-\frac{\sqrt{3}}{2}}^1 \dfrac{|y|}{\sqrt{1-y^2}}\mathrm{d}y = -\int_{-\frac{\sqrt{3}}{2}}^0 \dfrac{y}{\sqrt{1-y^2}}\mathrm{d}y + \int_0^1 \dfrac{y}{\sqrt{1-y^2}}\mathrm{d}y = \dfrac{3}{2}.$$

或 L：$x = \cos t$，$y = \sin t$ $\left(-\dfrac{\pi}{3} \leqslant t \leqslant \dfrac{\pi}{2}\right)$，$\mathrm{d}s = \sqrt{(-\sin t)^2+\cos^2 t}\mathrm{d}t = \mathrm{d}t$，

$$\int_L |y|\mathrm{d}s = \int_{-\frac{\pi}{3}}^{\frac{\pi}{2}} |\sin t|\mathrm{d}t = \int_0^{\frac{\pi}{2}} \sin t\mathrm{d}t - \int_{-\frac{\pi}{3}}^0 \sin t\mathrm{d}t = \dfrac{3}{2}.$$

例 10-2 计算 $\int_L \mathrm{e}^{\sqrt{x^2+y^2}}\mathrm{d}s$，$L$：$r = a$，$\theta = 0$，$\theta = \dfrac{\pi}{4}$ 所围成的边界.

解 如图 10-4 所示，$L = OA + \widehat{AB} + BO$，

在 OA 上 $y = 0$，$0 \leqslant x \leqslant a$，$\mathrm{d}s = \mathrm{d}x$，$\int_{OA} \mathrm{e}^{\sqrt{x^2+y^2}}\mathrm{d}s = \int_0^a \mathrm{e}^x \mathrm{d}x = \mathrm{e}^a - 1$.

在 $\widehat{AB}$ 上 $r=a$，$0 \leqslant \theta \leqslant \dfrac{\pi}{4}$，$\mathrm{d}s = a\mathrm{d}x$，$\int_{\widehat{AB}} \mathrm{e}^{\sqrt{x^2+y^2}} \mathrm{d}s = \int_0^{\frac{\pi}{4}} \mathrm{e}^a a \mathrm{d}\theta = \dfrac{\pi a}{4}\mathrm{e}^a$.

在 OB 上 $y=x$，$\mathrm{d}s = \sqrt{2}\mathrm{d}x$，$\sqrt{x^2+y^2} = \sqrt{2}x$.

$$\int_{OB} \mathrm{e}^{\sqrt{x^2+y^2}}\mathrm{d}s = \int_0^{\frac{\sqrt{2}a}{2}} \mathrm{e}^{\sqrt{2}x}\sqrt{2}\mathrm{d}x = \mathrm{e}^a - 1, \quad \int_L \mathrm{e}^{\sqrt{x^2+y^2}}\mathrm{d}s = 2(\mathrm{e}^a - 1) + \dfrac{\pi a}{4}\mathrm{e}^a.$$

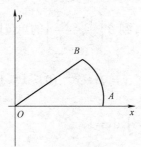

图 10-4

例 10-3 计算 $\oint_L \sqrt{x^2+y^2}\mathrm{d}s$，$L: x^2+y^2 = ax$.

解 如图 10-5 所示，$\begin{cases} x = r\cos\theta \\ y = r\sin\theta \end{cases}$，$L: r = a\cos\theta \ \left(-\dfrac{\pi}{2} \leqslant \theta \leqslant \dfrac{\pi}{2}\right)$，

$$\sqrt{x^2+y^2} = |r| = a\cos\theta, \quad \mathrm{d}s = \sqrt{(a\cos\theta)^2 + (-a\sin\theta)^2}\mathrm{d}\theta = a\mathrm{d}\theta,$$

因此，$$\oint_L \sqrt{x^2+y^2}\mathrm{d}s = \int_{-\frac{\pi}{2}}^{\frac{\pi}{2}} a\cos\theta \cdot a\mathrm{d}\theta = a^2\sin\theta\Big|_{-\frac{\pi}{2}}^{\frac{\pi}{2}} = 2a^2.$$

或 $\begin{cases} x = \dfrac{a}{2} + \dfrac{a}{2}\cos\theta \\ y = \dfrac{a}{2}\sin\theta \end{cases}$，$0 \leqslant \theta \leqslant 2\pi$，$\sqrt{x^2+y^2} = \dfrac{a}{\sqrt{2}}\sqrt{1+\cos\theta}$，

$$\mathrm{d}s = \sqrt{\left(-\dfrac{a}{2}\sin\theta\right)^2 + \left(\dfrac{a}{2}\cos\theta\right)^2}\mathrm{d}\theta = \dfrac{a}{2}\mathrm{d}\theta,$$

因此，$\oint_L \sqrt{x^2+y^2}\mathrm{d}s = \int_0^{2\pi} \dfrac{a}{\sqrt{2}}\sqrt{1+\cos\theta} \cdot \dfrac{a}{2}\mathrm{d}\theta = \dfrac{a^2}{2}\int_0^{2\pi}\left|\cos\dfrac{\theta}{2}\right|\mathrm{d}\theta = 2a^2$.

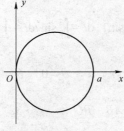

图 10-5

例 10-4 $\oint_L x\mathrm{d}s$，L：$y=x$，$y=x^2$ 围成区域的整个边界.

解 如图 10-6 所示，$L = OA + \widehat{OA}$，交点 $\begin{cases} y=x \\ y=x^2 \end{cases}$ $(0,0)$，$(1,1)$，

$$\oint_L x\mathrm{d}s = \int_{OA} x\mathrm{d}s + \int_{\widehat{OA}} x\mathrm{d}s = \int_0^1 x\sqrt{2}\,\mathrm{d}x + \int_0^1 x\sqrt{1+4x^2}\,\mathrm{d}x$$

$$= \frac{\sqrt{2}}{2}x^2\Big|_0^1 + \frac{1}{8}\cdot\frac{2}{3}(\sqrt{1+4x^2})^3\Big|_0^1 = \frac{\sqrt{2}}{2} + \frac{1}{12}(5\sqrt{5}-1).$$

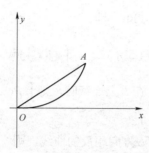

图 10-6

10.2 对坐标的曲线积分

10.2.1 对坐标的曲线积分定义和性质

引例 10-1 变力沿曲线所做的功

设一质点在 xOy 面内从点 A 沿光滑曲线弧 L 移到点 B，受力 $\boldsymbol{F}(x,y) = P(x,y)\boldsymbol{i} + Q(x,y)\boldsymbol{j}$，其中 P、Q 在 L 上连续，求上述过程所做的功.

解 （1）有向分割．先沿 L 方向将曲线分成 n 个有向弧段 $\widehat{M_{i-1}M_i}$ $(i=1,2,\cdots,n)$.

（2）近似．用 $\overline{M_{i-1}M_i} = \Delta x_i \boldsymbol{i} + \Delta y_i \boldsymbol{j}$ 近似代替 $\widehat{M_{i-1}M_i}$，

其中，$\Delta x_i = x_i - x_{i-1}$，$\Delta y_i = y_i - y_{i-1}$，$\forall (\xi_i, \eta_i) \in \widehat{M_{i-1}M_i}$.

$\boldsymbol{F}(\xi_i, \eta_i) = P(\xi_i, \eta_i)\boldsymbol{i} + Q(\xi_i, \eta_i)\boldsymbol{j}$ 近似代替 $\widehat{M_{i-1}M_i}$ 内各点的力，则 $\boldsymbol{F}(x,y)$ 沿 $\widehat{M_{i-1}M_i}$ 所做的功 $\Delta w_i \approx \overline{\boldsymbol{F}(\xi_i, \eta_i)} \cdot \overline{M_{i-1}M_i}$.

（3）求和．$w \approx \sum_{i=1}^{n}[P(\xi_i,\eta_i)\Delta x_i + Q(\xi_i,\eta_i)\Delta y_i]$.

（4）取极限．令 $\lambda = \max\{\widehat{M_{i-1}M_i}$ 的长度 $|i=1,2,\cdots,n\}$，

$$w = \lim_{\lambda \to 0}\sum_{i=1}^{n}[P(\xi_i,\eta_i)\Delta x_i + Q(\xi_i,\eta_i)\Delta y_i].$$

定义 10-1 设 L 为 xOy 面内从点 A 到点 B 的一条有向光滑曲线弧，函数 $P(x,y)$、$Q(x,y)$ 在 L 上有界．在 L 上沿 L 的方向任意插入一点列 $M_{i-1}(x_{i-1},y_{i-1})$ $(i=1,2,\cdots,n)$ 把 L 分成 n 个有向

小弧段 $\widehat{M_{i-1}M_i}$ $(i=1,2,\cdots,n; M_0=A, M_n=B)$.

设 $\Delta x_i = x_i - x_{i-1}$，$\Delta y_i = y_i - y_{i-1}$，点 (ξ_i, η_i) 为 $\widehat{M_{i-1}M_i}$ 上任意取定的点. 如果当小弧段长度的最大值 $\lambda \to 0$ 时，$\sum_{i=1}^{n} P(\xi_i, \eta_i)\Delta x_i$ 的极限总存在，则称此极限为函数 $P(x,y)$ 在有向曲线弧 L 上对坐标 x 的曲线积分，记作 $\int_L P(x,y)\mathrm{d}x$.

类似地，如果 $\sum_{i=1}^{n} Q(\xi_i, \eta_i)\Delta y_i$ 的极限值总存在，则称此极限为函数 $Q(x,y)$ 在有向曲线弧 L 上对坐标 y 曲线积分，记作 $\int_L Q(x,y)\mathrm{d}y$. 即

$$\int_L P(x,y)\mathrm{d}x = \lim_{\lambda \to 0}\sum_{i=1}^{n} P(\xi_i, \eta_i)\Delta x_i, \quad \int_L Q(x,y)\mathrm{d}y = \lim_{\lambda \to 0}\sum_{i=1}^{n} Q(\xi_i, \eta_i)\Delta y_i.$$

说明 ① 当 $P(x,y)$、$Q(x,y)$ 在 L 上连续时，则 $\int_L P(x,y)\mathrm{d}x$，$\int_L Q(x,y)\mathrm{d}y$ 存在.

② 可推广到空间有向曲线 Γ 上.

③ L 为有向曲线弧，L^- 为与 L 方向相反的曲线，则

$$\int_L P(x,y)\mathrm{d}x = -\int_{L^-} P(x,y)\mathrm{d}x, \quad \int_L Q(x,y)\mathrm{d}y = -\int_{L^-} Q(x,y)\mathrm{d}y.$$

④ 设 $L = L_1 + L_2$，则 $\int_L P\mathrm{d}x + Q\mathrm{d}y = \int_{L_1} P\mathrm{d}x + Q\mathrm{d}y + \int_{L_2} P\mathrm{d}x + Q\mathrm{d}y$.

此性质可推广到 $L = L_1 + L_2 + \cdots + L_n$ 组成的曲线上.

10.2.2 计算

定理 10-2 设 $P(x,y)$、$Q(x,y)$ 在 L 上有定义，且连续，L 的参数方程为 $\begin{cases} x = \varphi(t) \\ y = \psi(t) \end{cases}$.

当 t 单调地从 α 变到 β 时，点 $M(x,y)$ 从 L 的起点 A 沿 L 变到终点 B，且 $\varphi(t)$、$\psi(t)$ 在以 α、β 为端点的闭区间上具有一阶连续导数，$\varphi'^2(t) + \psi'^2(t) \neq 0$，则 $\int_L P(x,y)\mathrm{d}x + Q(x,y)\mathrm{d}y$ 存在，且

$$\int_L P(x,y)\mathrm{d}x + Q(x,y)\mathrm{d}y = \int_\alpha^\beta \{P[\varphi(t), \psi(t)]\varphi'(t) + Q[\varphi(t), \psi(t)]\psi'(t)\}\mathrm{d}t.$$

注 ① α：L 起点对应参数，β：L 终点对应参数，α 不一定小于 β.

② 若 L 由 $y = y(x)$ 给出，L 起点为 α，终点为 β，则

$$\int_L P\mathrm{d}x + Q\mathrm{d}y = \int_\alpha^\beta \{P[x, y(x)] + Q[x, y(x)]y'(x)\}\mathrm{d}x.$$

③ 此公式可推广到空间曲线 Γ：$x = \varphi(t)$，$y = \psi(t)$，$z = \omega(t)$，

$$\int_\Gamma P\mathrm{d}x + Q\mathrm{d}y + R\mathrm{d}z = \int_\alpha^\beta \{P[\varphi(t), \psi(t), \omega(t)]\varphi'(t) + Q[\varphi(t), \psi(t), \omega(t)]\psi'(t) + R[\varphi(t), \psi(t), \omega(t)]\omega'(t)\}\mathrm{d}t,$$

其中，α：Γ 起点对应参数，β：Γ 终点对应参数.

例 10-5 计算：$\int_L (2a-y)\mathrm{d}x - (a-y)\mathrm{d}y$，$L$：摆线 $x=a(t-\sin t)$，$y=a(1-\cos t)$ 从点 $O(0,0)$ 到点 $B(2\pi a, 0)$.

解 原式 $= \int_0^{2\pi} \{[2a-a(1-\cos t)]a(1-\cos t) - [a-a(1-\cos t)]a\sin t\}\mathrm{d}t$

$= \int_0^{2\pi} [a(1+\cos t)a(1-\cos t) - a^2 \cos t \sin t]\mathrm{d}t$

$= a^2 \left(\int_0^{2\pi} \left[\frac{1-\cos 2t}{2} - \cos t \sin t \right] \mathrm{d}t \right)$

$= a^2 \left(\frac{1}{2}t - \frac{1}{4}\sin 2t - \frac{1}{2}\sin^2 t \right) \Big|_0^{2\pi} = \pi a^2$.

例 10-6 计算 $\int_L xy^2 \mathrm{d}x + (x+y)\mathrm{d}y$，$L$：（1）曲线 $y=x^2$；（2）折线 $L_1 + L_2$ 起点为 $(0,0)$，终点为 $(1,1)$.

解 如图 10-7 所示.

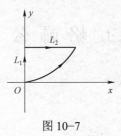

图 10-7

（1）原式 $= \int_0^1 [x \cdot x^4 + (x+x^2)]\mathrm{d}x = \frac{4}{3}$.

（2）原式 $= \int_{L_1} + \int_{L_2} = \int_0^1 y\mathrm{d}y + \int_0^1 x\mathrm{d}x = 1$.

10.2.3 两类曲线积分的关系

设有向曲线弧 L 的起点 A、终点 B，取弧长 $\widehat{AM}=s$ 为曲线弧 L 的参数.

如图 10-8 所示，$\widehat{AB}=l$，则 $\begin{cases} x=x(s) \\ y=y(s) \end{cases}$ $0 \leqslant s \leqslant l$.

若 $x(s)$、$y(s)$ 在 L 上具有一阶连续导数，P、Q 在 L 上连续，则

$$\int_L P\mathrm{d}x + Q\mathrm{d}y = \int_0^l \left\{ P[x(s),y(s)]\frac{\mathrm{d}x}{\mathrm{d}s} + Q[x(s),y(s)]\frac{\mathrm{d}y}{\mathrm{d}s} \right\}\mathrm{d}s$$

$$= \int_0^l \{P[x(s),y(s)]\cos\alpha + Q[x(s),y(s)]\cos\beta\}\mathrm{d}s.$$

其中，$\cos\alpha = \dfrac{\mathrm{d}x}{\mathrm{d}s}$，$\cos\beta = \dfrac{\mathrm{d}y}{\mathrm{d}s}$ 是 L 的切向量的方向余弦，且切向量与 L 的方向一致.

又 $\int_L (P\cos\alpha + Q\cos\beta)\mathrm{d}s = \int_0^l \{P[x(s),y(s)]\cos\alpha + Q[x(s),y(s)]\cos\beta\}\mathrm{d}s$.

因此，
$$\int_L P\mathrm{d}x + Q\mathrm{d}y = \int_L (P\cos\alpha + Q\cos\beta)\mathrm{d}s.$$

同理，对空间曲线 Γ：$\int_L P\mathrm{d}x + Q\mathrm{d}y + R\mathrm{d}z = \int_L (P\cos\alpha + Q\cos\beta + R\cos\gamma)\mathrm{d}s$，

其中，α、β、γ 为 Γ 在点 (x,y,z) 处切向量的方向角.

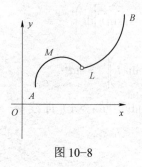

图 10-8

10.3 格 林 公 式

10.3.1 格林公式简介

连通区域

设 D 为平面上的区域，若 D 内任一闭曲线所围的部分都属于 D，称 D 为单连通区域（不含洞），否则称为复连通区域（含洞）. 规定区域 D 的边界曲线的正向：当观看者沿 L 的正向行走时，区域 D 总在他的左边，若 D 为单连通区域，则 L 为逆时针方向，若 D 为复连通区域，则区域 D 外侧曲线为逆时针方向，内侧为顺时针方向，如图 10-9 所示.

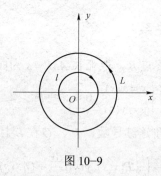

图 10-9

定理 10-3 设闭区域 D 由分段光滑的曲线 L 围成，函数 $P(x,y)$ 和 $Q(x,y)$ 在 D 上具有一阶连续偏导数，则有

$$\iint_D \left(\frac{\partial Q}{\partial x} - \frac{\partial P}{\partial y}\right)\mathrm{d}x\mathrm{d}y = \oint_L P\mathrm{d}x + Q\mathrm{d}y,$$

其中，L 为 D 的取正向的边界曲线.

证 区域 D 既为 $X-$型又为 $Y-$型区域,若把 D 看作 $X-$型区域,

L_1:$y = \varphi_1(x)$,L_2:$y = \varphi_2(x)$,因为 $\dfrac{\partial P}{\partial y}$ 连续,则

$$\iint_D \frac{\partial P}{\partial y}dxdy = \int_a^b dx \int_{\varphi_1(x)}^{\varphi_2(x)} \frac{\partial P(x,y)}{\partial y}dy = \int_a^b \{P[x_1,\varphi_2(x)] - P[x_1,\varphi_1(x)]\}dx.$$

又 $\oint_L Pdx = \int_{L_1} Pdx + \int_{L_2} Pdx = \int_a^b P[x_1,\varphi_1(x)]dx + \int_b^a P[x_1,\varphi_2(x)]dx$

$$= \int_a^b \{P[x_1,\varphi_1(x)] - P[x_1,\varphi_2(x)]\}dx,$$

所以,$-\iint_D \dfrac{\partial P}{\partial y}dxdy = \oint_L Pdx$.

若把 D 看作 $Y-$型区域,同理可证,$\iint_D \dfrac{\partial Q}{\partial x}dxdy = \oint_L Qdx$,所以原式成立.

说明 格林公式对光滑曲线围成的闭区域均成立.

例 10-7 计算 $\oint_C (y-x)dx + (3x+y)dy$,其中,$L$:$(x-1)^2 + (y-4)^2 = 9$.

解 原式 $= \iint_D (3-1)dxdy = 18\pi$,$\dfrac{\partial Q}{\partial x} = 3$,$\dfrac{\partial P}{\partial y} = 1$.

例 10-8 计算星形线 $\begin{cases} x = a\cos^3 t \\ y = a\sin^3 t \end{cases}$ 围成图形的面积 $(0 \leqslant t \leqslant 2\pi)$.

解 $A = \dfrac{1}{2}\oint_L xdy - ydx = \dfrac{1}{2}\int_0^{2\pi}(a\cos^3 t \cdot 3a\sin^2 t\cos t + a\sin^3 t \cdot 3a\cos^2 t\sin t)dt = \dfrac{3\pi a^2}{8}$.

10.3.2 平面上曲线积分与路径无关的条件

与路径无关:设 G 为一开区域,$P(x,y)$、$Q(x,y)$ 在 G 内具有一阶连续偏导数,若 G 内任意指定两点 A、B 及 G 内从 A 到 B 的任意两条曲线 L_1、L_2,$\int_{L_1} Pdx + Qdy = \int_{L_2} Pdx + Qdy$ 恒成立,则称 $\int_L Pdx + Qdy$ 在 G 内与路径无关,否则与路径有关.

例 10-9 $\int_L (x+y)dx + (x-y)dy$,L_1:从 $(1,1)$ 到 $(2,3)$ 的折线,L_2 从 $(1,1)$ 到 $(2,3)$ 的直线(见图 10-10).

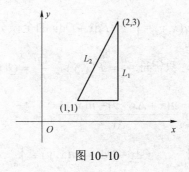

图 10-10

解 $\int_{L_1} P\mathrm{d}x + Q\mathrm{d}y = \int_1^3 (2-y)\mathrm{d}y + \int_1^2 (1+x)\mathrm{d}x = \dfrac{5}{2}$.

L_2：$y = 3 + 2(x-2)$，即 $y = 2x - 1$，则

$$\int_{L_2} (x+y)\mathrm{d}x + (x-y)\mathrm{d}y = \int_1^2 [(x+2x-1) + 2(1-x)]\mathrm{d}x = \dfrac{5}{2}.$$

定理 10-4 设 $P(x,y)$、$Q(x,y)$ 在单连通区域 D 内有连续的一阶偏导数，则以下 4 个条件相互等价：

（1）对 D 内任一闭合曲线 C，$\oint_C P\mathrm{d}x + Q\mathrm{d}y = 0$；

（2）对 D 内任一曲线 L，$\int_L P\mathrm{d}x + Q\mathrm{d}y$ 与路径无关；

（3）在 D 内存在某一函数 $u(x,y)$ 使 $\mathrm{d}u(x,y) = P\mathrm{d}x + Q\mathrm{d}y$ 在 D 内成立；

（4）$\dfrac{\partial P}{\partial y} = \dfrac{\partial Q}{\partial x}$，在 D 内处处成立.

证 （1）$\Rightarrow$（2）在 D 内任取两点 A、B 及连接 A、B 的任意两条曲线 $\overparen{AEB}$、$\overparen{AGB}$（见图 10-11）.

故 $C = \overparen{AGB} + \overparen{BEA}$ 为 D 内一闭曲线.

由（1）可知，$\oint_C P\mathrm{d}x + Q\mathrm{d}y = 0$，即 $\int_{\overparen{AGB}} P\mathrm{d}x + Q\mathrm{d}y + \int_{\overparen{BEA}} P\mathrm{d}x + Q\mathrm{d}y = 0$，故

$$\int_{\overparen{AGB}} P\mathrm{d}x + Q\mathrm{d}y = \int_{\overparen{AEB}} P\mathrm{d}x + Q\mathrm{d}y.$$

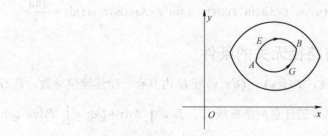

图 10-11

（2）$\Rightarrow$（3）若 $\int_L P\mathrm{d}x + Q\mathrm{d}y$ 在 D 内与路径无关，当起点固定在 (x_0, y_0) 点，终点为 (x,y) 后，则 $\int_{(x_0,y_0)}^{(x,y)} P\mathrm{d}x + Q\mathrm{d}y$ 是 x、y 的函数，记为 $u(x,y)$.

如图 10-12 所示，下证：$u(x,y) = \int_{(x_0,y_0)}^{(x,y)} P\mathrm{d}x + Q\mathrm{d}y$ 的全微分为 $\mathrm{d}u(x,y) = P\mathrm{d}x + Q\mathrm{d}y$.

因为 $P(x,y)$、$Q(x,y)$ 连续，只需证 $\dfrac{\partial u}{\partial x} = P(x,y)$，$\dfrac{\partial u}{\partial y} = Q(x,y)$.

由偏导数的定义，$\dfrac{\partial u}{\partial x} = \lim\limits_{\Delta x \to 0} \dfrac{u(x+\Delta x,\ y) - u(x,y)}{\Delta x}$.

因为 $u(x+\Delta x, y) = \int_{(x_0,y_0)}^{(x+\Delta x, y)} P\mathrm{d}x + Q\mathrm{d}y = u(x,y) + \int_{(x,y)}^{(x+\Delta x, y)} P\mathrm{d}x + Q\mathrm{d}y$

$$= u(x,y) + \int_x^{x+\Delta x} P\mathrm{d}x,$$

所以，$u(x+\Delta x, y) - u(x,y) = \int_x^{x+\Delta x} P\mathrm{d}x = P\Delta x$，$P = P(x+\theta\Delta x, y)$ $(0 \leqslant \theta \leqslant 1)$，

即 $\dfrac{\partial u}{\partial x} = P(x,y)$，同理，$\dfrac{\partial u}{\partial y} = Q(x,y)$.

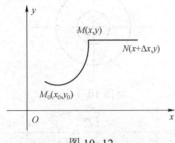

图 10-12

（3）$\Rightarrow$（4）若 $\mathrm{d}u(x,y) = P\mathrm{d}x + Q\mathrm{d}y$，$P = \dfrac{\partial u}{\partial x}$，$Q = \dfrac{\partial u}{\partial y}$，则 $\dfrac{\partial P}{\partial y} = \dfrac{\partial^2 u}{\partial x \partial y}$，$\dfrac{\partial Q}{\partial x} = \dfrac{\partial^2 u}{\partial y \partial x}$，

由 P、Q 具有连续的一阶偏导数，有 $\dfrac{\partial^2 u}{\partial x \partial y} = \dfrac{\partial^2 u}{\partial y \partial x}$，故 $\dfrac{\partial P}{\partial y} = \dfrac{\partial Q}{\partial x}$.

（4）$\Rightarrow$（1）设 C 为 D 内任一闭曲线，D 为 C 所围成的区域.

$$\oint_C P\mathrm{d}x + Q\mathrm{d}y = \iint_D \left(\dfrac{\partial Q}{\partial x} - \dfrac{\partial P}{\partial y}\right)\mathrm{d}x\mathrm{d}y = 0.$$

例 10-10 曲线积分 $I = \int_L (\mathrm{e}^y + x)\mathrm{d}x + (x\mathrm{e}^x - 2y)\mathrm{d}y$，$L$ 为过 $(0,0)$，$(0,1)$ 和 $(1,2)$ 点的圆弧（见图 10-13）.

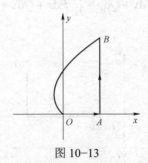

图 10-13

解 令 $P = \mathrm{e}^y + x$，$Q = x\mathrm{e}^y - 2y$，则 $\dfrac{\partial Q}{\partial x} = \mathrm{e}^y$，$\dfrac{\partial P}{\partial y} = \mathrm{e}^y$，所以 I 与路径无关.

取积分路径为 $OA + AB$，则

$$I = \int_{OA} P\mathrm{d}x + Q\mathrm{d}y + \int_{AB} P\mathrm{d}x + Q\mathrm{d}y = \int_0^1 (1+x)\mathrm{d}x + \int_0^2 (\mathrm{e}^y - 2y)\mathrm{d}y = \mathrm{e}^2 - \dfrac{7}{2}.$$

例 10-11 计算 $\oint_C \dfrac{x\mathrm{d}y - y\mathrm{d}x}{x^2 + y^2}$，如图 10-14 所示.

（1）C 为以 $(0,0)$ 为圆心的任何圆周，C 为逆时针方向；

（2）C 为任何不含原点的闭曲线，C 为逆时针方向.

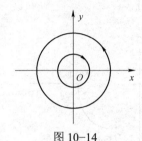

图 10-14

解 （1）令 $P = \dfrac{-y}{x^2 + y^2}$，$Q = \dfrac{x}{x^2 + y^2}$，$\dfrac{\partial P}{\partial y} = \dfrac{y^2 - x^2}{(x^2 + y^2)^2}$，$\dfrac{\partial Q}{\partial x} = \dfrac{y^2 - x^2}{(x^2 + y^2)^2}$，

所以，在除 $(0,0)$ 处的所有点处有，$\dfrac{\partial P}{\partial y} = \dfrac{\partial Q}{\partial x}$. 以 $(0,0)$ 为圆心，r 为半径作足够小的圆 C_r（取顺时针方向，见图 10-14），使小圆含在 C 内，有 $\oint_C + \oint_{C_r} P\mathrm{d}x + Q\mathrm{d}y = 0$，即

$$\oint_C P\mathrm{d}x + Q\mathrm{d}y = \int_0^{2\pi} \dfrac{r^2 \cos^2 x + r^2 \sin \theta}{r^2} \mathrm{d}\theta = 2\pi \neq 0.$$

（2）由于 $\dfrac{\partial P}{\partial y} = \dfrac{\partial Q}{\partial x}$，故 $\oint_C P\mathrm{d}x + Q\mathrm{d}y = 0$.

10.3.3 二元函数的全微分求积

若 $\int_C P\mathrm{d}x + Q\mathrm{d}y$ 与路径无关（见图 10-15），则 $P\mathrm{d}x + Q\mathrm{d}y$ 为某一函数的全微分，即

$$u(x, y) = \int_{(x_0, y_0)}^{(x, y)} P\mathrm{d}x + Q\mathrm{d}y = \int_{x_0}^{x} P\mathrm{d}x + Q\mathrm{d}y + \int_{y_0}^{y} P\mathrm{d}x + Q\mathrm{d}y.$$

注 $u(x, y)$ 有无穷多个.

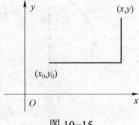

图 10-15

例 10-12 验证：$(2x + \sin y)\mathrm{d}x + x\cos y\mathrm{d}y$ 是某一函数的全微分，并求出一个原函数.

解 令 $P = 2x + \sin y$，$Q = x\cos y$，则

$$\dfrac{\partial Q}{\partial x} = \cos y, \quad \dfrac{\partial P}{\partial y} = \cos y.$$

故原式在全平面上为某一函数的全微分，取 $(x_0, y_0) = (0,0)$（见图 10-16），有

$$u(x,y) = \int_{(0,0)}^{(x,y)} P\mathrm{d}x + Q\mathrm{d}y = \int_0^x 2x\mathrm{d}x + \int_0^y x\cos y\mathrm{d}y = x^2 + x\sin y.$$

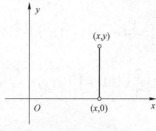

图 10-16

例 10-13 计算 $\int_C (y^3\mathrm{e}^x - my)\mathrm{d}x + (3y^2\mathrm{e}^x - m)\mathrm{d}y$，$C$ 为从 E 到 F 再到 G 的曲线，$\widehat{FG}$ 是半圆弧（见图 10-17）.

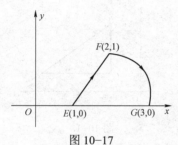

图 10-17

解 令 $P = y^3\mathrm{e}^x - my$，$Q = 3y^2\mathrm{e}^x - m$，则

$$\frac{\partial P}{\partial y} = 3y^2\mathrm{e}^x - m, \quad \frac{\partial Q}{\partial x} = 3y^2\mathrm{e}^x, \quad \frac{\partial Q}{\partial x} - \frac{\partial P}{\partial y} = m.$$

添加有向线段 GE，则

$$\text{原式} + \int_{GE} P\mathrm{d}x + Q\mathrm{d}y = -\iint_D m\mathrm{d}x\mathrm{d}y = -m\left[\frac{1}{2} \times 2 \times 1 + \frac{1}{2} \times \pi \times \left(\frac{\sqrt{2}}{2}\right)^2\right] = -m\left(1 + \frac{\pi}{4}\right),$$

所以，原式 $= -m\left(1 + \frac{\pi}{4}\right) - \int_{GE} P\mathrm{d}x + Q\mathrm{d}y = -m\left(1 + \frac{\pi}{4}\right) - \int_3^1 0\mathrm{d}x = -m\left(1 + \frac{\pi}{4}\right).$

例 10-14 设 $f(x)$ 在 $(-\infty, +\infty)$ 上连续可导，求 $\int_L \dfrac{1 + y^2 f(xy)}{y}\mathrm{d}x + \int_L \dfrac{x}{y^2}[y^2 f(xy) - 1]\mathrm{d}y$，其中 L 为从点 $A\left(3, \dfrac{2}{3}\right)$ 到点 $B(1,2)$ 的直线段.

解 令 $P = \dfrac{1 + y^2 f(xy)}{y}$，$Q = \dfrac{x}{y^2}[y^2 f(xy) - 1]$，则

$$\frac{\partial P}{\partial y} = \frac{[2yf(xy) + xy^2 f'(xy)]y - 1 - y^2 f(xy)}{y^2} = \frac{y^2 f(xy) + xy^3 f'(xy) - 1}{y^2},$$

$$\frac{\partial Q}{\partial x} = \frac{1}{y^2}[y^2 f(xy) - 1] + \frac{x}{y^2}[y^3 f'(xy)] = \frac{y^2 f(xy) + xy^3 f'(xy) - 1}{y^2}.$$

因为 $\dfrac{\partial P}{\partial y}=\dfrac{\partial Q}{\partial x}$，故原积分与路径无关，添加线段 BC 和 CA 构成闭曲线（见图 10-18），所以，

$$原式 = \int_{CB}+\int_{AC} = \int_{\frac{2}{3}}^{2}\frac{1}{y^2}[y^2 f(y)-1]\mathrm{d}y + \int_{3}^{1}\frac{3}{2}\left[1+\frac{4}{9}f\left(\frac{2}{3}x\right)\right]\mathrm{d}x$$

$$= \int_{3}^{1}\left[\frac{3}{2}+\frac{2}{3}f\left(\frac{2}{3}x\right)\right]\mathrm{d}x + \int_{\frac{2}{3}}^{2}\left[f(y)-\frac{1}{y^2}\right]\mathrm{d}y$$

$$\xlongequal{\frac{2}{3}x=u} \frac{3}{2}x\Big|_{3}^{1} + \int_{2}^{\frac{2}{3}}f(u)\mathrm{d}u + \int_{\frac{2}{3}}^{2}f(y)\mathrm{d}y + \frac{1}{y}\Big|_{\frac{2}{3}}^{2} = -4.$$

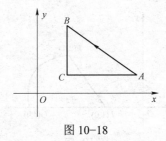

图 10-18

10.4 对面积的曲面积分

10.4.1 概念和性质

空间曲面的质量

设有曲面构件 S，其面密度为 S 上的连续函数 $\mu=\mu(x,y,z)$，求曲面 S 的质量. 经分割、近似、求和、取极限 4 步，得到：

$$M = \lim_{\lambda\to 0}f(\xi_i,\eta_i,\zeta_i)\cdot\Delta S_i.$$

定义 10-2 设曲面 $\varSigma$ 是光滑的，$f(x,y,z)$ 在 $\varSigma$ 上有界，把 $\varSigma$ 分成 n 小块，任取 $(\xi_i,\eta_i,\zeta_i)\in\Delta S_i$，做乘积 $f(\xi_i,\eta_i,\zeta_i)\cdot\Delta S_i(i=1,2,\cdots,n)$，再做和 $\sum\limits_{i=1}^{n}f(\xi_i,\eta_i,\zeta_i)\Delta x_i(i=1,2,\cdots,n)$，当各小块曲面直径的最大值 $\lambda\to 0$ 时，该和的极限存在，则称此极限为 $f(x,y,z)$ 在 $\varSigma$ 上对面积的曲面积分或第一类曲面积分，记 $\iint\limits_{\varSigma}f(x,y,z)\mathrm{d}S$，即 $\iint\limits_{\varSigma}f(x,y,z)\mathrm{d}S = \lim\limits_{\lambda\to 0}\sum\limits_{i=1}^{n}f(\xi_i,\eta_i,\zeta_i)\cdot\Delta S_i.$

说明 ① $\oiint\limits_{\varSigma}f(x,y,z)\mathrm{d}S$ 为封闭曲面上的第一类曲面积分；

② 当 $f(x,y,z)$ 连续时，$\iint_\Sigma f(x,y,z)\mathrm{d}S$ 存在；

③ 当 $f(x,y,z)$ 为光滑曲面 Σ 的密度函数时，质量 $M = \iint_\Sigma f(x,y,z)\mathrm{d}S$；

④ 当 $f(x,y,z)=1$ 时，$S = \iint_\Sigma \mathrm{d}S$ 为曲面面积；

⑤ 性质同第一类曲线积分 $\Sigma = \Sigma_1 + \Sigma_2$，则 $\iint_\Sigma f(x,y,z)\mathrm{d}S = \iint_{\Sigma_1} f(x,y,z)\mathrm{d}S + \iint_{\Sigma_2} f(x,y,z)\mathrm{d}S$.

10.4.2 计算

定理 10-5 设曲面 Σ 的方程 $z = z(x,y)$，Σ 在 xOy 面的投影 D_{xy}，若 $f(x,y,z)$ 在 D_{xy} 上具有一阶连续偏导数，在 Σ 上连续，则 $\iint_\Sigma f(x,y,z)\mathrm{d}S = \iint_{D_{xy}} f(x,y,z(x,y))\sqrt{1+z_x^2+z_y^2}\mathrm{d}x\mathrm{d}y$.

说明 ① 设 $z = z(x,y)$ 为单值函数；

② 若 Σ：$x = x(y,z)$ 或 $y = y(x,z)$ 可得到相应的计算公式；

③ 若 Σ 为平面且与坐标面平行或重合时 $\iint_\Sigma f(x,y,z)\mathrm{d}S = \iint_{D_{xy}} f(x,y,0)\mathrm{d}x\mathrm{d}y$.

例 10-15 计算 $I = \iint_\Sigma (x^2+y^2)\mathrm{d}S$，$\Sigma$ 为立体 $\sqrt{x^2+y^2} \leqslant z \leqslant 1$ 的边界（见图 10-19）.

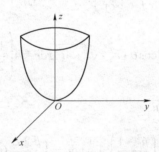

图 10-19

解 设 $\Sigma = \Sigma_1 + \Sigma_2$，$\Sigma_1$ 为锥面 $z = \sqrt{x^2+y^2}$，$0 \leqslant z \leqslant 1$，$\Sigma_2$ 为 $z=1$ 上 $x^2+y^2 \leqslant 1$ 部分，Σ_1、Σ_2 在 xOy 面投影为 $x^2+y^2 \leqslant 1$，则

$$I = \iint_{\Sigma_1}(x^2+y^2)\mathrm{d}S + \iint_{\Sigma_2}(x^2+y^2)\mathrm{d}S$$

$$= \iint_D (x^2+y^2)\sqrt{1+\frac{\partial z^2}{\partial x}+\frac{\partial z^2}{\partial y}}\mathrm{d}x\mathrm{d}y + \iint_D (x^2+y^2)\mathrm{d}x\mathrm{d}y$$

$$= (\sqrt{2}+1)\iint_D (x^2+y^2)\mathrm{d}x\mathrm{d}y = (1+\sqrt{2})\int_0^{2\pi}\mathrm{d}\theta\int_0^1 r^3\mathrm{d}r = \frac{\pi}{2}(1+\sqrt{2}).$$

例 10-16 计算 $\iint_\Sigma \frac{\mathrm{d}S}{(1+x+y)^2}$，$\Sigma$ 由 $x+y+z \leqslant 1$，$x \geqslant 0$，$y \geqslant 0$，$z \geqslant 0$ 的边界围成.

解 $\Sigma = \Sigma_1 + \Sigma_2 + \Sigma_3 + \Sigma_4$，$\Sigma_1$：$z=0$，$\Sigma_2$：$x=0$，$\Sigma_3$：$y=0$，$\Sigma_4$：$x+y+z=1$，

由对称性 $\iint_{\Sigma_2}\dfrac{\mathrm{d}S}{(1+x+y)^2} = \iint_{\Sigma_3}\dfrac{\mathrm{d}S}{(1+x+y)^2} = \iint_{D_{yOz}}\dfrac{1}{(1+x+y)^2}\mathrm{d}y\mathrm{d}z$

$$= \int_0^1 \mathrm{d}z \int_0^{1-z} \dfrac{\mathrm{d}y}{(1+y)^2} = 1 - \ln 2,$$

$$\iint_{\Sigma_1}\dfrac{\mathrm{d}S}{(1+x+y)^2} = \iint_{D_{xOy}}\dfrac{\mathrm{d}S}{(1+x+y)^2} = \int_0^1 \mathrm{d}x \int_0^{1-x}\dfrac{\mathrm{d}y}{(1+x+y)^2} = \ln 2 - \dfrac{1}{2},$$

$$\iint_{\Sigma_4}\dfrac{\mathrm{d}S}{(1+x+y)^2} = \iint_{D_{xOy}}\dfrac{\sqrt{3}\mathrm{d}x\mathrm{d}y}{(1+x+y)^2} = \int_0^1\mathrm{d}x\int_0^{1-x}\dfrac{\sqrt{3}\mathrm{d}x\mathrm{d}y}{(1+x+y)^2} = \sqrt{3}\left(\ln 2 - \dfrac{1}{2}\right),$$

故原式 $= \iint_{\Sigma_1} + \iint_{\Sigma_2} + \iint_{\Sigma_3} + \iint_{\Sigma_4}\dfrac{\mathrm{d}S}{(1+x+y)^2} = 2(1-\ln 2) + \left(\ln 2 - \dfrac{1}{2}\right) + \sqrt{3}\left(\ln 2 - \dfrac{1}{2}\right)$

$$= (\sqrt{3}-1)\ln 2 + \dfrac{3-\sqrt{3}}{2}.$$

例 10-17 计算 $\iint_\Sigma |xyz|\mathrm{d}S$，$\Sigma$ 为 $x^2+y^2=z$ 被平面 $z=1$ 所割的部分.

解 设第一卦限内的部分为 Σ_1：$x\geq 0$，$y\geq 0$，$x^2+y^2\leq z\leq 1$，

$$\iint_\Sigma |xyz|\mathrm{d}S = \iint_{D_{xy}}|xyz|\sqrt{1+\left(\dfrac{\partial z}{\partial x}\right)^2+\left(\dfrac{\partial z}{\partial y}\right)^2}\mathrm{d}x\mathrm{d}y = 4\iint_{D_{xy}}|xyz|\sqrt{1+4x^2+4y^2}\mathrm{d}x\mathrm{d}y$$

$$= 4\int_0^{\frac{\pi}{2}}\mathrm{d}\theta\int_0^1 r^2\sin\theta\cos\theta\cdot r^2\cdot\sqrt{1+4r^2}r\mathrm{d}r = 4\left(\dfrac{1}{2}\sin^2\theta\Big|_0^{\frac{\pi}{2}}\right)\cdot\left(\dfrac{1}{2}\int_0^1 r^4\sqrt{1+4r^2}\mathrm{d}r^2\right)$$

令 $\sqrt{1+4r^2}=u$，则 $\mathrm{d}r^2 = \dfrac{1}{2}u\mathrm{d}u$

$$= \int_1^{\sqrt{5}} u\left(\dfrac{u^2-1}{4}\right)^2\cdot\dfrac{1}{2}u\mathrm{d}u = \int_1^{\sqrt{5}}\dfrac{2u^2}{4^3}(u^2-1)^2\mathrm{d}u = \dfrac{125\sqrt{5}-1}{420}.$$

10.5 对坐标的曲面积分

10.5.1 定义和性质

有向曲面

（1）侧 通常我们遇到的曲面都是双侧的，假设双侧曲面 $z=z(x,y)$，若取法向量朝上（**n** 与 z 轴正向的夹角为锐角），则曲面取定上侧，否则为下侧；对双侧曲面 $x=x(y,z)$，若 **n** 的方向与 x 轴正向夹角为锐角，取定曲面的前侧，否则为后侧，对双侧曲面 $y=y(x,z)$，**n** 的方向与 y 轴正向夹角为锐角，取定曲面为右侧，否则为左侧；若曲面为闭曲面，则取法向量的指向朝外，此时取定曲面的外侧，否则为内侧，取定了法向量即选定了曲面的侧，这种曲面称为有向曲面.

（2）有向投影 设 Σ 是有向曲面，在 Σ 上取一小块曲面 ΔS，把 ΔS 投影到 xOy 面上，得一投影域 $\Delta\sigma_{xy}$（表示区域，又表示面积），规定 ΔS 在 xOy 面上的有向投影 ΔS_{xy} 为

$$\Delta S_{xy} = \begin{cases} \Delta\sigma_{xy} & \cos\gamma > 0 \\ -\Delta\sigma_{xy} & \cos\gamma < 0 \\ 0 & \cos\gamma = 0 \end{cases}，同理可以定义 \Delta S 在 yOz 面、zOx 面上的有向投影 \Delta S_{yz}、\Delta S_{zx}.$$

（3）流向曲面一侧的流量 设稳定流动的不可压缩的流体（设密度为1）的速度场为 $\boldsymbol{v}(x,y,z) = P(x,y,z)\boldsymbol{i} + Q(x,y,z)\boldsymbol{j} + R(x,y,z)\boldsymbol{k}$，$\Sigma$ 为其中一片有向曲面，P、Q、R 在 Σ 上连续，单位时间内流向 Σ 指定侧的流体在此闭域上各点处流速为常向量 $\boldsymbol{v}$，又设 $\boldsymbol{n}$ 为该平面的单位法向量，则在单位时间内流过该闭区域的流体组成一底面积为 A、斜高为 $|\boldsymbol{v}|$ 的斜柱体，当斜柱体体积为 $A \cdot |\boldsymbol{v}| \cdot \cos\theta = A \cdot \boldsymbol{v} \cdot \boldsymbol{n}$ $\left((\widehat{\boldsymbol{n},\boldsymbol{v}}) = \theta < \dfrac{\pi}{2}\right)$ 时，此即为通过区域 A 的流量.

$\boldsymbol{n}$ 所指一侧的流量（见图10-20），当 $\left((\widehat{\boldsymbol{n},\boldsymbol{v}}) = \theta = \dfrac{\pi}{2}\right)$ 时，流量为0，当 $\left((\widehat{\boldsymbol{v},\boldsymbol{n}}) = \theta > \dfrac{\pi}{2}\right)$ 时，流量为负，流体通过闭区域 A 流向 $\boldsymbol{n}$ 所指一侧的流量均称为 $A \cdot \boldsymbol{v} \cdot \boldsymbol{n}$.

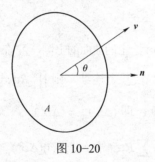

图10-20

考虑的不是平面闭区域而是一片曲面，且流速 $\boldsymbol{v}$ 也不是常向量，故采用元素法. 把 Σ 分成 n 小块 ΔS_i，设 Σ 光滑，且 P、Q、R 连续，当 ΔS_i 很小时，流过 ΔS_i 的体积近似值为以 ΔS_i 为底、以 $|\boldsymbol{v}(\xi_i,\eta_i,\zeta_i)|$ 为斜高的柱体，任意一点 $(\xi_i,\eta_i,\zeta_i) \in \Delta S_i$，$\boldsymbol{n}_i$ 为 (ξ_i,η_i,ζ_i) 处的单位法向量 $\boldsymbol{n}_i = \{\xi_i,\eta_i,\zeta_i\}$，故流量 $\Phi_i \approx \boldsymbol{v}(\xi_i,\eta_i,\zeta_i) \cdot \boldsymbol{n} \cdot \Delta S_i$，

$$\Phi \approx \sum_{i=1}^{n} \boldsymbol{v}_i \boldsymbol{n}_i \Delta S_i = \sum_{i=1}^{n} [P\cos\alpha_i + Q\cos\beta_i + R\cos\gamma_i]\Delta S_i,$$

又 $\cos\alpha_i \cdot \Delta S_i = \Delta S_{izy}$，$\cos\beta_i \cdot \Delta S_i = \Delta S_{izx}$，$\cos\gamma_i \cdot \Delta S_i = \Delta S_{ixy}$，故

$$\Phi \approx \sum_{i=1}^{n} [P\Delta S_{iyz} + Q\Delta S_{izx} + R\Delta S_{ixy}],$$

因此，$\Phi = \lim\limits_{\lambda \to 0} \sum\limits_{i=1}^{n} [P\Delta S_{iyz} + Q\Delta S_{izx} + R\Delta S_{ixy}]$，其中，$\lambda$ 为最大曲面直径.

定义10-3 设 Σ 为光滑的有向曲面，$R(x,y,z)$ 在 Σ 上有界，把 Σ 分成 n 块 ΔS_i，ΔS_i 在

xOy 面上投影 $(\Delta S_i)_{xy}$，(ξ_i, η_i, ζ_i) 是 ΔS_i 上任一点，若 $\lambda \to 0$，$\lim\limits_{\lambda \to 0} \sum\limits_{i=1}^{n} R(\xi_i, \eta_i, \zeta_i) \Delta S_{ixy}$ 存在，称此极限值为 $R(x, y, z)$ 在 Σ 上对坐标 x、y 的曲面积分，或 $R(x, y, z)\mathrm{d}x\mathrm{d}y$ 在有向曲面 Σ 上的第二类曲面积分，记为 $\iint_\Sigma P(x, y, z)\mathrm{d}x\mathrm{d}y$. 类似地，$P$、$Q$ 对 yOz 及 zOx 曲面积分分别为

$$\iint_\Sigma P\mathrm{d}y\mathrm{d}z = \lim_{\lambda \to 0} \sum_{i=1}^{n} P(\xi_i, \eta_i, \zeta_i) \Delta S_{iyz}，\quad \iint_\Sigma Q\mathrm{d}z\mathrm{d}x = \lim_{\lambda \to 0} \sum_{i=1}^{n} Q(\xi_i, \eta_i, \zeta_i) \Delta S_{izx}.$$

说明 ① Σ 有向，且光滑；

② P、Q、R 在 Σ 上连续，即存在相应的曲面积分；

③ $\iint_\Sigma P\mathrm{d}y\mathrm{d}z + \iint_\Sigma Q\mathrm{d}z\mathrm{d}x + \iint_\Sigma R\mathrm{d}x\mathrm{d}y = \iint_\Sigma P\mathrm{d}y\mathrm{d}z + Q\mathrm{d}z\mathrm{d}x + R\mathrm{d}x\mathrm{d}y$；

④ 稳定流动的不可压缩流体，流向 Σ 指定侧的流量 $\Phi = \iint_\Sigma P\mathrm{d}y\mathrm{d}z + Q\mathrm{d}z\mathrm{d}x + R\mathrm{d}x\mathrm{d}y$；

⑤ 若 $\Sigma = \Sigma_1 + \Sigma_2$，则 $\iint_\Sigma P\mathrm{d}y\mathrm{d}z = \iint_{\Sigma_1} P\mathrm{d}y\mathrm{d}z + \iint_{\Sigma_2} P\mathrm{d}y\mathrm{d}z$；

⑥ 设 Σ 为有向曲面，$-\Sigma$ 表示与 Σ 相反的侧，

则 $\iint_{-\Sigma} P\mathrm{d}y\mathrm{d}z = -\iint_\Sigma P\mathrm{d}y\mathrm{d}z$，$\iint_{-\Sigma} Q\mathrm{d}z\mathrm{d}x = -\iint_\Sigma Q\mathrm{d}z\mathrm{d}x$，$\iint_{-\Sigma} R\mathrm{d}x\mathrm{d}y = -\iint_\Sigma R\mathrm{d}x\mathrm{d}y$.

10.5.2 计算

定理10–6 设 Σ 为由 $z = z(x, y)$ 给出的曲面的上侧，Σ 在 xOy 面上的投影为 D_{xy}，$z = z(x, y)$ 在 D_{xy} 内具有一阶连续偏导数，R 在 Σ 上连续，则 $\iint_\Sigma R\mathrm{d}x\mathrm{d}y = \iint_{D_{xy}} R[x, y, z(x, y)](\Delta S_i)_{xy}$.

因为 Σ 取上侧，则 $\cos \gamma > 0$，即 $(\Delta S_i)_{xy} = (\Delta \sigma_i)_{xy}$，又 (ξ_i, η_i, ζ_i) 为 Σ 上的点，则 $\zeta_i = z(\xi_i, \eta_i)$，故 $\sum\limits_{i=1}^{n} R(\xi_i, \eta_i, \zeta_i)(\Delta S_i)_{xy} = \sum\limits_{i=1}^{n} R(\xi_i, \eta_i, z(\xi_i, \eta_i))(\Delta \sigma_i)_{xy}$，令 $\lambda \to 0$，取极限，则 $\iint_\Sigma R\mathrm{d}x\mathrm{d}y = \iint_{D_{xy}} R[x, y, z(x, y)]\mathrm{d}x\mathrm{d}y$.

说明 ① 将 z 用 $z = z(x, y)$ 代替，将 Σ 投影到 xOy 面上，再定向，则

$$\iint_\Sigma R\mathrm{d}x\mathrm{d}y = \iint_{D_{xy}} R[x, y, z(x, y)]\mathrm{d}x\mathrm{d}y.$$

② 若 Σ：$z = z(x, y)$ 取下侧，则 $\cos \gamma < 0$，$(\Delta S_i)_{xy} = -(\Delta \sigma_i)_{xy}$，故

$$\iint_\Sigma R[x, y, z(x, y)]\mathrm{d}x\mathrm{d}y = -\iint_{D_{xy}} R[x, y, z(x, y)]\mathrm{d}x\mathrm{d}y.$$

③ $\iint_\Sigma P\mathrm{d}y\mathrm{d}z$，$\iint_\Sigma Q\mathrm{d}z\mathrm{d}x$ 与此类似.

Σ：$y = y(x, z)$ 时，右侧为正，左侧为负；

Σ：$x = x(y, z)$ 时，前侧为正，后侧为负.

例10–18 计算 $\iint_\Sigma x\mathrm{d}y\mathrm{d}z + y\mathrm{d}x\mathrm{d}z + z\mathrm{d}x\mathrm{d}y$，$\Sigma$ 为 $x^2 + y^2 + z^2 = a^2$，$z \geq 0$ 的上侧.

解 将 Σ 向 yOz 面投影为半圆 $y^2 + z^2 = a^2$，$z \geq 0$，$x = \pm\sqrt{a^2 - y^2 - z^2}$，

$$\iint_\Sigma x\mathrm{d}y\mathrm{d}z = \iint_{D_{yz}} \sqrt{a^2-y^2-z^2}\mathrm{d}y\mathrm{d}z + (-\iint_{D_{yz}} -\sqrt{a^2-x^2-y^2}\mathrm{d}y\mathrm{d}z)$$
$$= 2\iint_{D_{yz}} \sqrt{a^2-y^2-z^2}\mathrm{d}y\mathrm{d}z = 2\int_0^\pi \mathrm{d}\theta\int_0^a \sqrt{a^2-r^2}r\mathrm{d}r = \frac{2}{3}\pi a^3,$$

由对称性 $\iint_\Sigma y\mathrm{d}x\mathrm{d}z = \frac{2}{3}\pi a^3$，$\iint_\Sigma z\mathrm{d}x\mathrm{d}y = \frac{2}{3}\pi a^3$，故原式 $= \frac{2}{3}\pi a^3 \times 3 = 2\pi a^3$.

注 Σ 必须为单值函数，否则分成 n 片曲面.

例 10-19 $\oiint_\Sigma x(y-z)\mathrm{d}y\mathrm{d}z + (z-x)\mathrm{d}z\mathrm{d}x + (x-y)\mathrm{d}x\mathrm{d}y$，$\Sigma$ 为 $z^2 = x^2+y^2$ 与 $z=h$ 围成（$h > 0$），取外侧.

解 Σ_1：圆锥面上底，$z=h$，$z^2=x^2+y^2$ 上侧，Σ_2：圆锥面侧面，Σ_2' 为前侧，Σ_2'' 为后侧，有

$$\iint_{\Sigma_1} x(y-z)\mathrm{d}y\mathrm{d}z = 0,\quad \iint_{\Sigma_1}(z-x)\mathrm{d}z\mathrm{d}x = 0,$$

$$\iint_{\Sigma_1}(x-y)\mathrm{d}x\mathrm{d}y = \iint_{D_{xy}}(x-y)\mathrm{d}x\mathrm{d}y = \int_0^{2\pi}\mathrm{d}\theta\int_0^h r(\cos\theta-\sin\theta)r\mathrm{d}r,$$

$$\iint_{\Sigma_2}(x-y)\mathrm{d}x\mathrm{d}y = -\iint_{D_{xy}}(x-y)\mathrm{d}x\mathrm{d}y, 故 \iint_{\Sigma_{外}}(x-y)\mathrm{d}x\mathrm{d}y = 0,$$

$$\iint_{\Sigma_2'} x(y-z)\mathrm{d}y\mathrm{d}z + \iint_{\Sigma_2''} x(y-z)\mathrm{d}y\mathrm{d}z$$

$$= \iint_{D_{yz}} \sqrt{z^2-y^2}(y-z)\mathrm{d}y\mathrm{d}z - \iint_{D_{yz}} -\sqrt{z^2-y^2}(y-z)\mathrm{d}y\mathrm{d}z$$

$$= 2\iint_{D_{yz}} \sqrt{z^2-y^2}(y-z)\mathrm{d}y\mathrm{d}z = 2\int_0^h \mathrm{d}z\int_{-z}^z \sqrt{z^2-y^2}(y-z)\mathrm{d}y = -\frac{\pi h^4}{4},$$

$$\iint_{\Sigma_{外}}(z-x)\mathrm{d}z\mathrm{d}x = -\iint_{\Sigma_{2左}}(z-x)\mathrm{d}z\mathrm{d}x + \iint_{\Sigma_{2右}}(z-x)\mathrm{d}z\mathrm{d}x = 0,$$

故原式 $= -\frac{\pi}{4}h^4$.

10.5.3 两类曲面积分间的关系

若 Σ：$z = z(x,y)$，Σ 在 xOy 面的投影域 D_{xy}，z 在 D_{xy} 上有一阶连续偏导数，R 在 Σ 上连续，Σ 取上侧，则 $\iint_\Sigma R\mathrm{d}x\mathrm{d}y = \iint_{D_{xy}} R[x,y,z(x,y)]\mathrm{d}x\mathrm{d}y$，由于 $\cos\alpha = \frac{-z_x}{\sqrt{1+z_x^2+z_y^2}}$，$\cos\beta = \frac{-z_y}{\sqrt{1+z_x^2+z_y^2}}$，$\cos\gamma = \frac{1}{\sqrt{1+z_x^2+z_y^2}}$，则

$$\iint_\Sigma R(x,y,z)\cos\gamma\mathrm{d}S = \iint_{D_{xy}} R[x,y,z(z,y)]\cos\gamma\sqrt{1+z_y^2+z_x^2}\mathrm{d}x\mathrm{d}y$$

$$= \iint_{D_{xy}} R[x,y,z(x,y)]\mathrm{d}x\mathrm{d}y.$$

若 Σ 取下侧，则 $\iint_{\Sigma} R \mathrm{d}x\mathrm{d}y = -\iint_{D_{xy}} R[x,y,z(x,y)]\mathrm{d}x\mathrm{d}y$，

$$\iint_{\Sigma} R\cos\gamma \mathrm{d}S = \iint_{D_{xy}} R\cos\gamma\sqrt{1+z_y^2+z_x^2}\mathrm{d}x\mathrm{d}y = -\iint_{D_{xy}} R[x,y,z(x,y)]\mathrm{d}x\mathrm{d}y.$$

类似地，$\iint_{\Sigma} P\mathrm{d}y\mathrm{d}z = \iint_{\Sigma} P\cos\alpha \mathrm{d}S$，$\iint_{\Sigma} Q\mathrm{d}z\mathrm{d}x = \iint_{\Sigma} Q\cos\beta \mathrm{d}S$，故

$$\iint_{\Sigma} P\mathrm{d}y\mathrm{d}z + Q\mathrm{d}z\mathrm{d}x + R\mathrm{d}x\mathrm{d}y = \iint_{\Sigma} [P\cos\alpha + Q\cos\beta + R\cos\gamma]\mathrm{d}S.$$

其中，$(\cos\alpha, \cos\beta, \cos\gamma)$ 为 Σ 在点 (x,y,z) 处的法向量的方向余弦.

例 10-20 计算 $\iint_{\Sigma}(z^2+x)\mathrm{d}y\mathrm{d}z - z\mathrm{d}x\mathrm{d}y$，$\Sigma$ 是 $z = \frac{1}{2}(x^2+y^2)$ 介于 $z=0$ 和 $z=2$ 之间部分的下侧.

解 $\iint_{\Sigma}(z^2+x)\mathrm{d}y\mathrm{d}z = \iint_{\Sigma}(z^2+x)\cos\alpha \mathrm{d}S$，$\mathrm{d}S = \sqrt{1+x^2+y^2}\mathrm{d}x\mathrm{d}y$，$\cos\alpha = \dfrac{x}{\sqrt{1+x^2+y^2}}$，

$$\iint_{\Sigma}(z^2+x)\mathrm{d}y\mathrm{d}z = \iint_{\Sigma}(z^2+x)\frac{x}{\sqrt{1+x^2+y^2}}\sqrt{1+x^2+y^2}\mathrm{d}x\mathrm{d}y$$

$$= \iint_{D_{xy}}(z^2+x)x\mathrm{d}x\mathrm{d}y = \iint_{D_{xy}}\left[\frac{x(x^2+y^2)^2}{4}+x^2\right]\mathrm{d}x\mathrm{d}y = \iint_{D_{xy}} x^2\mathrm{d}x\mathrm{d}y,$$

$$\iint_{\Sigma} -z\mathrm{d}x\mathrm{d}y = \iint_{\Sigma} -z\cos\gamma \mathrm{d}s = \iint -z\frac{-1}{\sqrt{1+z^2+y^2}}\sqrt{1+z^2+y^2}\mathrm{d}x\mathrm{d}y = \iint_{D_{xy}} z\mathrm{d}x\mathrm{d}y,$$

原式 $= \iint_{D_{xy}}\left[x^2 + \frac{1}{2}(x^2+y^2)\right]\mathrm{d}x\mathrm{d}y = \int_0^{2\pi}\mathrm{d}\theta\int_0^2\left[r^2\cos^2\theta + \frac{r^2(\cos^2\theta+\sin^2\theta)}{2}\right]r\mathrm{d}r$

$$= \int_0^{2\pi}\mathrm{d}\theta\int_0^2\left(r^3\cos^2\theta + \frac{1}{2}r^3\right)\mathrm{d}r = 8\pi.$$

10.6 高斯公式、通量与散度

10.6.1 高斯公式

定理 10-7 设空间闭区域 Ω 是由分片光滑的闭曲面 Σ 所围成的，函数 $P(x,y,z)$、$Q(x,y,z)$ 在 Ω 上具有一阶连续偏导数，则

$$\iiint_{\Omega}\left(\frac{\partial P}{\partial x}+\frac{\partial Q}{\partial y}+\frac{\partial R}{\partial z}\right)\mathrm{d}V = \oiint_{\Sigma} P\mathrm{d}y\mathrm{d}z + Q\mathrm{d}z\mathrm{d}x + R\mathrm{d}x\mathrm{d}y = \oiint_{\Sigma}(P\cos\alpha + Q\cos\beta + R\cos\gamma)\mathrm{d}S.$$

其中 Σ 是 Ω 的整个边界曲面的外侧，$\cos\alpha$、$\cos\beta$、$\cos\gamma$ 是 Σ 上点 (x,y,z) 处的法向量的方向余弦，称为高斯公式.

证 如图 10-21 所示，设 Ω 在 xOy 面上的投影域 D_{xy}，过 Ω 内部且平行于 z 轴的直线与 Ω 的边界曲面 Σ 的交点恰好两个，则 Σ 由 Σ_1、Σ_2、Σ_3 组成，Σ_1：$z = z_1(x,y)$ 取下侧，

Σ_2: $z = z_2(x, y)$ 取上侧，$z_1(x, y) \leqslant z_2(x, y)$，$\Sigma_3$ 是以 D_{xy} 的边界曲线为准线，母线平行于 z 轴的柱面的一部分，取外侧，则

$$\iiint_\Omega \frac{\partial R}{\partial z} dV = \iint_{D_{xy}} \left\{ \int_{z_1(x,y)}^{z_2(x,y)} \frac{\partial R}{\partial z} dz \right\} dxdy = \iint_{D_{xy}} \{R[x, y, z_2(x, y)] - R[x, y, z_1(x, y)]\} dxdy.$$

由于
$$\iint_{\Sigma_1} R(x, y, z) dxdy = -\iint_{D_{xy}} R[x, y, z_1(x, y)] dxdy,$$

$$\iint_{\Sigma_2} R(x, y, z) dxdy = \iint_{D_{xy}} R[x, y, z_2(x, y)] dxdy,$$

$$\iint_{\Sigma_3} R(x, y, z) dxdy = 0,$$

故
$$\iiint_\Omega \frac{\partial R}{\partial z} dV = \iint_\Sigma R(x, y, z) dxdy.$$

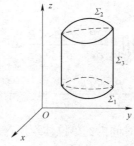

图 10-21

类似地，若过 Ω 内部且平行于 x 轴的直线及平行于 y 轴的直线与 Ω 的边界曲面 Σ 有交点且有两个时：

$$\iiint_\Omega \frac{\partial P}{\partial x} dV = \iint_\Sigma P(x, y, z) dydz, \quad \iiint_\Omega \frac{\partial Q}{\partial y} dV = \iint_\Sigma Q(x, y, z) dzdx.$$

若 Ω 不满足上述条件，可添加辅助面将其分成符合条件的若干块，且在辅助面两侧积分之和为零.

例 10-21 $\oiint_\Sigma x(y-z)dydz + (z-x)dzdx + (x-y)dxdy$，$\Sigma$ 是 $z^2 = x^2 + y^2$ 与 $z = h > 0$ 围成表面的外侧.

解 令 $P = x(y-z)$，$Q = z-x$，$R = x-y$，则 $\frac{\partial P}{\partial x} + \frac{\partial Q}{\partial y} + \frac{\partial R}{\partial z} = y - z$，故

原式 $= \iiint_\Omega (y-z)dV = \int_0^{2\pi} d\theta \int_0^h rdr \int_{\sqrt{r^2}}^h (r\sin\theta - z)dz = -\frac{\pi h^4}{4}$.

例 10-22 计算 $\iint_\Sigma xdydz + ydxdz + zdxdy$，$\Sigma$：$x^2 + y^2 + z^2 = a^2$，$z \geqslant 0$ 的上侧.

解 添上 Σ_1：$\begin{cases} x^2 + y^2 \leqslant a^2 \\ z = 0 \end{cases}$，取下侧，$\Sigma_1$ 与 Σ 构成封闭曲面的外侧，

令 $P = x$，$Q = y$，$R = z$，则 $\frac{\partial P}{\partial x} + \frac{\partial Q}{\partial y} + \frac{\partial R}{\partial z} = 3$.

故 $\iint_{\Sigma_1+\Sigma} x\mathrm{d}y\mathrm{d}z + y\mathrm{d}x\mathrm{d}z + z\mathrm{d}x\mathrm{d}y = \iiint_\Omega 3\mathrm{d}V = 3 \cdot \dfrac{2}{3}\pi a^3 = 2\pi a^3$.

而 $\iint_{\Sigma_1} x\mathrm{d}y\mathrm{d}z + y\mathrm{d}x\mathrm{d}z + z\mathrm{d}x\mathrm{d}y = \iint_{\Sigma} z\mathrm{d}x\mathrm{d}y = 0$，因此，原式 $= 2\pi a^3$.

10.6.2 通量与散度

高斯公式： $\iiint_\Omega \left(\dfrac{\partial P}{\partial x} + \dfrac{\partial Q}{\partial y} + \dfrac{\partial R}{\partial z}\right)\mathrm{d}V = \oiint_{\Sigma外} P\mathrm{d}y\mathrm{d}z + Q\mathrm{d}z\mathrm{d}x + R\mathrm{d}x\mathrm{d}y$.

右端物理意义：为单位时间内离开闭域 Ω 的流体的总质量。

由于流体不可压缩且流动是稳定的，有流体离开 Ω 的同时，必须有产生流体的"源头"以同样多的流体来进行补充，故左端可解释为分布在 Ω 内的源头在单位时间内所产生的流体的总质量.

高斯公式可用向量形式表示：$\iiint_\Omega \left(\dfrac{\partial P}{\partial x} + \dfrac{\partial Q}{\partial y} + \dfrac{\partial R}{\partial z}\right)\mathrm{d}V = \oiint_\Sigma \boldsymbol{v} \cdot \boldsymbol{n} \mathrm{d}S = \oiint_\Sigma v_n \mathrm{d}S$. 上式两边同除以闭区域 Ω 的体积，得 $\dfrac{1}{V}\iiint_\Omega \left(\dfrac{\partial P}{\partial x} + \dfrac{\partial Q}{\partial y} + \dfrac{\partial R}{\partial z}\right)\mathrm{d}V = \dfrac{1}{V}\oiint_\Sigma v_n \mathrm{d}S$.

该式左端为 Ω 内的源头在单位时间内、单位体积所产生流体质量的平均值，应用中值定理得，$\left(\dfrac{\partial P}{\partial x} + \dfrac{\partial Q}{\partial y} + \dfrac{\partial R}{\partial z}\right)\bigg|_{(\xi,\eta,\zeta)} = \dfrac{1}{V}\oiint_\Sigma v_n \mathrm{d}S, (\xi,\eta,\zeta) \in \Omega$，令 Ω 缩为一点 $M(x,y,z)$，取极限得

$$\dfrac{\partial P}{\partial x} + \dfrac{\partial Q}{\partial y} + \dfrac{\partial R}{\partial z} = \lim_{\Omega \to M} \dfrac{1}{V}\oiint_\Sigma v_n \mathrm{d}S,$$

称 $\dfrac{\partial P}{\partial x} + \dfrac{\partial Q}{\partial y} + \dfrac{\partial R}{\partial z}$ 为 $\boldsymbol{v}$ 在点 M 的散度，记 $\mathrm{div}\, \boldsymbol{v}$，即 $\nabla \cdot \boldsymbol{v} = \dfrac{\partial P}{\partial x} + \dfrac{\partial Q}{\partial y} + \dfrac{\partial R}{\partial z}$.

散度 $\nabla \cdot \boldsymbol{v}$ 可看成稳定流动的不可压缩流体在点 M 的源头强度——单位时间内、单位体积所产生的流质的质量. 如果 $\nabla \cdot \boldsymbol{v}$ 为负时，表示点 M 处流体在消失.

一般地，若向量场 $\boldsymbol{A}(x,y,z) = P(x,y,z)\boldsymbol{i} + Q(x,y,z)\boldsymbol{j} + R(x,y,z)\boldsymbol{k}$，$P$、$Q$、$R$ 有一阶连续偏导数，Σ 为场内一有向曲面，$\boldsymbol{n}$ 为 Σ 上点 (x,y,z) 处的单位法向量，则 $\oiint_\Sigma \boldsymbol{A} \cdot \boldsymbol{n}\mathrm{d}S$ 称为向量场 $\boldsymbol{A}$ 通过曲面 Σ 向着指定侧的通量（流量），而 $\dfrac{\partial P}{\partial x} + \dfrac{\partial Q}{\partial y} + \dfrac{\partial R}{\partial z}$ 叫作向量场 $\boldsymbol{A}$ 的散度，即

$$\nabla \cdot \boldsymbol{A} = \dfrac{\partial P}{\partial x} + \dfrac{\partial Q}{\partial y} + \dfrac{\partial R}{\partial z}.$$

高斯公式又一形式 $\iiint_\Omega \nabla \cdot \boldsymbol{A} \mathrm{d}v = \iint_\Sigma A_n \mathrm{d}S$，其中 Σ 为 Ω 的边界曲面，$A_n = \boldsymbol{A} \cdot \boldsymbol{n} = P\cos\alpha + Q\cos\beta + R\cos\gamma$ 是向量 $\boldsymbol{A}$ 在曲面 Σ 的外侧法向量上的投影.

例 10-23 试计算 $\iint_S (1-x^2)dydz + 4xydzdx - 2xzdxdy$，$S$ 为曲线 $\begin{cases} x = e^y \\ z = 0 \end{cases}$ $(0 \leqslant y \leqslant a)$ 绕 Ox 轴旋转所成的旋转曲面（见图 10-22），其法矢量与 Ox 轴正向夹角为钝角.

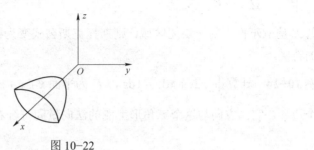

图 10-22

解 添上平面 S_1：$x = e^a$ 的前侧，构成封闭曲面外侧，令 $P = 1 - x^2$，$Q = 4xy$，$R = -2xz$，则有 $\dfrac{\partial P}{\partial x} + \dfrac{\partial Q}{\partial y} + \dfrac{\partial R}{\partial z} = -2x + 4x - 2x = 0$，因此

$$\oiint_{S+S_1} (1-x^2)dydz + 4xydzdx - 2xzdxdy = \iiint_\Omega 0 dV = 0，$$

又因为 $\iint_{S_1} (1-x^2)dydz + 4xydzdx - 2xzdxdy = \iint_{D_{yz}} (1 - e^{2a})dydz = (1-e^{2a}) \cdot \pi \cdot a^2$，

所以，原式 $= -(1-e^{2a})\pi a^2$.

10.7 斯托克斯公式、环流量、旋度

10.7.1 斯托克斯公式

定理 10-8 设 $\varGamma$ 为分段光滑的空间有向闭曲线，$\varSigma$ 是以 $\varGamma$ 为边界的分片光滑的有向曲面，$\varGamma$ 的正向与 $\varSigma$ 上侧符合右手规则，P、Q、R 在包含曲面 $\varSigma$ 在内的一个空间区域内具有一阶连续偏导数，则有

$$\iint_\varSigma \left(\dfrac{\partial R}{\partial y} - \dfrac{\partial Q}{\partial z}\right)dydz + \left(\dfrac{\partial P}{\partial z} - \dfrac{\partial R}{\partial x}\right)dzdx + \left(\dfrac{\partial Q}{\partial x} - \dfrac{\partial P}{\partial y}\right)dxdy = \oint_\varGamma Pdx + Qdy + Rdz.$$

说明：为便于记忆，使用行列式表示斯托克斯公式为

$$\iint_\varSigma \begin{vmatrix} dydz & dzdx & dxdy \\ \dfrac{\partial}{\partial x} & \dfrac{\partial}{\partial y} & \dfrac{\partial}{\partial z} \\ P & Q & R \end{vmatrix} dS = \oint_\varGamma Pdx + Qdy + Rdz.$$

由两类曲面间关系，斯托克斯公式另一形式为

$$\iint_\Sigma \begin{vmatrix} \cos\alpha & \cos\beta & \cos\gamma \\ \dfrac{\partial}{\partial x} & \dfrac{\partial}{\partial y} & \dfrac{\partial}{\partial z} \\ P & Q & R \end{vmatrix} \mathrm{d}S = \oint_\Gamma P\mathrm{d}x + Q\mathrm{d}y + R\mathrm{d}z , \quad \boldsymbol{n} = (\cos\alpha, \cos\beta, \cos\gamma) \text{ 为 } \Sigma \text{ 的单位法向量.}$$

若 Σ 是 xOy 面上的一块闭区域，则斯托克斯公式变为格林公式，即格林公式为斯托克斯公式的特例.

例 10-24 计算 $\oint_\Gamma z\mathrm{d}x + x\mathrm{d}y + y\mathrm{d}z$，$\Gamma$ 为平面 $x+y+z=1$ 被 3 个坐标面所截成的三角形的整个边界，它的方向与这个三角形上侧的法向量间符合右手规则（见图10-23）.

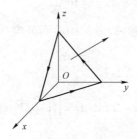

图 10-23

解 令 $P=z$，$Q=x$，$R=y$，$\dfrac{\partial P}{\partial y}=0$，$\dfrac{\partial Q}{\partial x}=1$，$\dfrac{\partial R}{\partial y}=1$，$\dfrac{\partial Q}{\partial z}=0$，$\dfrac{\partial R}{\partial x}=0$，$\dfrac{\partial P}{\partial z}=1$，

由斯托克斯公式，原式 $=\iint_\Sigma \mathrm{d}y\mathrm{d}z + \mathrm{d}z\mathrm{d}x + \mathrm{d}x\mathrm{d}y$. 由于 Σ 的法向量方向余弦均为正，且由对称性可知，原式 $=3\iint_{D_{xy}}\mathrm{d}\sigma = 3\times\dfrac{1}{2}=\dfrac{3}{2}$.

10.7.2 环流量与旋度

设有一向量场 $\boldsymbol{A}(x,y,z) = P(x,y,z)\boldsymbol{i} + Q(x,y,z)\boldsymbol{j} + R(x,y,z)\boldsymbol{k}$，其中 P、Q 与 R 均有一阶偏导数，则向量 $\left\{\left(\dfrac{\partial R}{\partial y}-\dfrac{\partial Q}{\partial z}\right),\left(\dfrac{\partial P}{\partial z}-\dfrac{\partial R}{\partial x}\right),\left(\dfrac{\partial Q}{\partial x}-\dfrac{\partial P}{\partial y}\right)\right\}$ 称为向量场 $\boldsymbol{A}$ 的旋度，记作 **rot** $\boldsymbol{A}$ 或 $\nabla \times \boldsymbol{A}$，即

$$\nabla \times \boldsymbol{A} = \left(\dfrac{\partial R}{\partial y}-\dfrac{\partial Q}{\partial z}\right)\boldsymbol{i} + \left(\dfrac{\partial P}{\partial z}-\dfrac{\partial R}{\partial x}\right)\boldsymbol{j} + \left(\dfrac{\partial Q}{\partial x}-\dfrac{\partial P}{\partial y}\right)\boldsymbol{k}.$$

斯托克斯公式的向量形式为

$$\iint_\Sigma \nabla \times \boldsymbol{A} \cdot \boldsymbol{n}\mathrm{d}S = \oint_\Gamma \boldsymbol{A}\cdot \boldsymbol{t}\mathrm{d}s \text{ 或 } \iint_\Sigma (\nabla \times \boldsymbol{A})_n \mathrm{d}S = \oint_\Gamma A_t \mathrm{d}s$$

其中，$\boldsymbol{n}=(\cos\alpha,\cos\beta,\cos\gamma)$ 为 Σ 的法向量，$\boldsymbol{t}=(\cos\lambda,\cos\mu,\cos\gamma)$ 为 Γ 的切向量，$\oint_{\Gamma}P\mathrm{d}x+Q\mathrm{d}y+R\mathrm{d}z=\oint_{\Gamma}A_{t}\mathrm{d}s$ 称为向量场 $\boldsymbol{A}$ 沿有向闭曲线 Γ 的环流量.

10.8 知识拓展

10.8.1 曲线积分拓展

当波在介质中传播时，具有零相位的等相位面在空间中随着波的传播而连续分布，数目是无限的，令：$t_k=\dfrac{r}{c}=\tau$. τ 称为特征函数，它确定波沿射线的走时；所谓射线，就是处处与等位面垂直的线. 于是，波动方程可表述为：$\varphi=\varphi_0\mathrm{e}^{\mathrm{i}\omega(t-\tau)}$.

两边求导可得：$-\dfrac{\omega^2\varphi_0}{c^2}=\nabla^2\varphi_0-2\mathrm{i}\omega\nabla\varphi_0\nabla\tau-\mathrm{i}\omega\varphi_0\nabla^2\tau-\omega^2\varphi_0(\nabla\tau)^2$，其中，$\nabla^2\varphi_0=\dfrac{\partial^2\varphi_0}{\partial x^2}+\dfrac{\partial^2\varphi_0}{\partial y^2}+\dfrac{\partial^2\varphi_0}{\partial z^2}$，$\nabla^2\tau=\dfrac{\partial^2\tau}{\partial x^2}+\dfrac{\partial^2\tau}{\partial y^2}+\dfrac{\partial^2\tau}{\partial z^2}$，根据实部和实部相等，虚部和虚部相等可得

$$-\omega^2\varphi_0=c^2\left(\nabla^2\varphi_0-\omega^2\varphi_0(\nabla\tau)^2\right),\quad 0=-2\omega\nabla\varphi_0\nabla\tau-\omega\varphi_0\nabla^2\tau,$$

其中，τ 是相位因子或波前的走时，$\nabla\tau=u\boldsymbol{k}$，$u$ 是波的慢度，$\boldsymbol{k}$ 是在射线方向上的单位矢量，则有

$$2u\boldsymbol{k}\cdot\nabla\varphi_0=\varphi_0\nabla\cdot(u\boldsymbol{k}).$$

对其分离变量有，$\dfrac{\nabla\varphi_0}{\varphi_0}=-\dfrac{\nabla\cdot(u\boldsymbol{k})}{2u\boldsymbol{k}}$，沿 $\boldsymbol{k}$ 方向的射线路径 L 积分得到：$\varphi_0=C\mathrm{e}^{-\frac{1}{2}\int\frac{\nabla\cdot(u\boldsymbol{k})}{u}\mathrm{d}s}$，把该表达式代入波动方程，得

$$\varphi(\omega)=\varphi_0\mathrm{e}^{\mathrm{i}\omega T(x)}=C\mathrm{e}^{-\frac{1}{2}\int_L\frac{\nabla\cdot(u_\alpha\boldsymbol{k})}{u_\alpha}\mathrm{d}s}\mathrm{e}^{-\mathrm{i}\omega\int_L u_\alpha\mathrm{d}s},$$

其中，$u_\alpha\mathrm{d}s$ 是沿射线路径的走时，描述前面出现的通常的振荡波动，$-\dfrac{1}{2}\int_L\dfrac{\nabla\cdot(u_\alpha\boldsymbol{k})}{u_\alpha}\mathrm{d}s$ 是负的实数，它描述了沿射线路径振幅的衰减.

考虑场论中的公式 $\nabla\cdot(u\boldsymbol{a})=u\nabla\cdot\boldsymbol{a}+\boldsymbol{a}\cdot\nabla u$，可以把 $-\dfrac{1}{2}\int_L\dfrac{\nabla\cdot(u_\alpha\boldsymbol{k})}{u_\alpha}\mathrm{d}s$ 进一步变换为

$$-\dfrac{1}{2}\int_L\dfrac{\nabla\cdot(u_\alpha\boldsymbol{k})}{u_\alpha}\mathrm{d}s=-\dfrac{1}{2}\int_L\left(\dfrac{\boldsymbol{k}\cdot\nabla u_\alpha}{u_\alpha}+\nabla\cdot\boldsymbol{k}\right)\mathrm{d}s=-\dfrac{1}{2}\int_L\left(\dfrac{1}{u_\alpha}\dfrac{\mathrm{d}u_\alpha}{\mathrm{d}s}+\nabla\cdot\boldsymbol{k}\right)\mathrm{d}s$$

$$=-\dfrac{1}{2}\int_L\dfrac{\mathrm{d}u_\alpha}{u_\alpha}-\dfrac{1}{2}\int_L\nabla\cdot\boldsymbol{k}\mathrm{d}s=-\dfrac{1}{2}\ln u\Big|_{u_0}^{u}-\dfrac{1}{2}\int_L\nabla\cdot\boldsymbol{k}\mathrm{d}s=-\dfrac{1}{2}\ln\left(\dfrac{u_\alpha}{u_0}\right)-\dfrac{1}{2}\int_L\nabla\cdot\boldsymbol{k}\mathrm{d}s,$$

其中，u_0 是在震源的慢度（slowness，为速度的倒数）.

10.8.2 旋度拓展

旋转量可以表示为位移场的旋度，采用地震波的势来表示可以写为

$$\boldsymbol{\omega} = \nabla \times \boldsymbol{u} = \nabla \times (\nabla \varphi + \nabla \times \boldsymbol{\psi}) = \nabla \times \nabla \times \boldsymbol{\psi} = \nabla \nabla \cdot \boldsymbol{\psi} - \nabla^2 \boldsymbol{\psi} = -\nabla^2 \boldsymbol{\psi}.$$

请注意，这里采用了场论中矢量的散度场的梯度为零的结论.

由于 $\boldsymbol{\omega} = \omega_x \boldsymbol{i} + \omega_y \boldsymbol{j} + \omega_z \boldsymbol{k}$，将 $\dfrac{\partial^2 \omega_x}{\partial t^2} = \dfrac{\mu}{\rho} \nabla^2 \omega_x$，$\dfrac{\partial^2 \omega_y}{\partial t^2} = \dfrac{\mu}{\rho} \nabla^2 \omega_y$，$\dfrac{\partial^2 \omega_z}{\partial t^2} = \dfrac{\mu}{\rho} \nabla^2 \omega_z$，结合在一起可得

$$\nabla^2 \boldsymbol{\omega} - \frac{1}{\beta^2} \frac{\partial^2 \boldsymbol{\omega}}{\partial t^2} = 0,$$

因此，有

$$\nabla^2 \boldsymbol{\omega} - \frac{1}{\beta^2} \frac{\partial^2 \boldsymbol{\omega}}{\partial t^2} = -\left(\nabla^2 \nabla^2 \boldsymbol{\psi} - \frac{1}{\beta^2} \frac{\partial^2}{\partial t^2} (\nabla^2 \boldsymbol{\psi}) \right) = \nabla^2 \left(\nabla^2 \boldsymbol{\psi} - \frac{1}{\beta^2} \frac{\partial^2 \boldsymbol{\psi}}{\partial t^2} \right) = 0,$$

同样忽略掉与空间相关的常数，有

$$\nabla^2 \boldsymbol{\psi} - \frac{1}{\beta^2} \frac{\partial^2 \boldsymbol{\psi}}{\partial t^2} = 0.$$

由上面的推导可以看出：P 波的解由 φ 的标量波动方程给出，S 波的解由 $\boldsymbol{\psi}$ 的矢量波动方程给出. 引入波的势函数是理论地震学的一个重要数学技巧，给学习地震波理论的其他公式推导带来很大方便。这里需要提醒的是：P 波势函数 φ 是标量势函数，而 S 波势函数 $\boldsymbol{\psi}$ 是矢量势函数。

本 章 习 题

计算题

（1）计算曲线积分 $I = \int_l xyz \mathrm{d}s$，这里 l 是空间的一段曲线：$\begin{cases} x = \sin t \\ y = \cos t \\ z = t \end{cases} \quad 0 \leqslant t \leqslant \dfrac{\pi}{4}$.

（2）计算曲线积分 $\int_L (x^2 + y^2) \mathrm{d}s$，其中 L 是圆心在 $(R,0)$、半径为 R 的上半圆周.

（3）计算曲线积分 $I = \int_\Gamma y \mathrm{d}x + x \mathrm{d}y + (x - y - 2) \mathrm{d}z$，其中 Γ 为点 $A(2,3,3)$ 至点 $B(1,0,1)$ 的空间直线段.

（4）$\int_L xy^2 \mathrm{d}x + (x+y) \mathrm{d}y$，其中 L 是 $x^2 + y^2 = 4$ 的上半圆，取逆时针方向.

（5）计算曲线积分 $\int_l x \mathrm{d}y - y \mathrm{d}x$，这里 l 是 xOy 平面上的封闭曲线：$\dfrac{x^2}{4} + \dfrac{y^2}{9} = 1$，$l$ 取逆时针.

（6）当 a 取何值时，曲线积分 $I = \int_{(1,0)}^{(1,2)} (6xy^2 - y^3) \mathrm{d}x + a(xy^2 - 2x^2 y) \mathrm{d}y$ 与积分路径无关，并

计算此曲线积分之值.

（7）计算第二类曲线积分 $\int_L (x-y)\mathrm{d}x - (x+\cos y)\mathrm{d}y$，其中 L 是圆周 $y=\sqrt{1-x^2}$ 上由点 $(0,1)$ 到点 $(1,0)$ 的一段弧.

（8）证明曲线积分 $I=\int_L (x+y)\mathrm{d}x + (x-y)\mathrm{d}y$ 在 xOy 面内与路径无关，并计算积分 $I=\int_{(1,1)}^{(2,3)} (x+y)\mathrm{d}x + (x-y)\mathrm{d}y$ 的值.

（9）计算曲线积分 $I=\int_L (2xy^3 - y^2\cos x)\mathrm{d}x + (1-2y\sin x + 3x^2y^2)\mathrm{d}y$，其中 L 为在抛物线 $2x=\pi y^2$ 上由点 $(0,0)$ 到 $\left(\dfrac{\pi}{2},1\right)$ 的一段弧.

（10）计算曲面积分 $\int_\Sigma z\mathrm{d}S$，这里 Σ 是平面 $x+y+z=1$ 位于第一象限的那一部分.

（11）计算曲面积分 $I=\iint_\Sigma (x\mathrm{d}y\mathrm{d}z + z\mathrm{d}x\mathrm{d}y)$，这里 Σ 是曲面块：$z=1-x^2-y^2$ $(z\geqslant 0)$ 的上侧.

（12）计算 $I=\oiint_\Sigma 2xz\mathrm{d}x\mathrm{d}y + xy\mathrm{d}y\mathrm{d}z + 3yz\mathrm{d}z\mathrm{d}x$，其中 Σ 是平面 $x=0, y=0, z=0$，$x+y+z=2$ 所围成空间区域 Ω 的整个边界曲面的外侧.

（13）计算第二类曲面积分 $\oiint_\Sigma (2x+5)\mathrm{d}y\mathrm{d}z + (y+z)\mathrm{d}z\mathrm{d}x + (z-3)\mathrm{d}x\mathrm{d}y$，其中 Σ 是介于 $z=0$ 和 $z=4$ 之间的圆柱体 $x^2+y^2\leqslant 4$ 的整个表面的外侧.

第 11 章 无穷级数

11.1 常数项级数的概念和性质

11.1.1 常数项级数的概念

引例 11-1 刘徽的割圆术：用圆的内接正多边形的面积计算圆的面积 A.

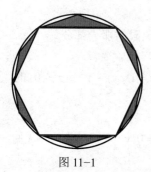

图 11-1

作圆的内接正六边形，设其面积为 a_1，则 $A \approx a_1$；

作圆的内接正十二边形，设增加的 6 个小等腰三角形的总面积为 a_2，则 $A \approx a_1 + a_2$；

$\vdots$

作圆的内接正 $6n$ 边形，设增加的 $6(n-1)$ 个小等腰三角形的总面积为 a_n，则 $A \approx a_1 + a_2 + \cdots + a_n$.

将此过程不断地进行下去，当内接正多边形的边数无限增大时，相应的内接正多边形的面积可无限接近圆的面积，即

$$A = \lim_{n \to \infty}(a_1 + a_2 + \cdots + a_n) = a_1 + a_2 + \cdots + a_n + \cdots.$$

常数项级数：给定一个数列 $\{u_n\}$，称表达式 $u_1 + u_2 + u_3 + \cdots + u_n + \cdots$ 为（常数项）无穷级数，简称数项级数或级数，记为 $\sum_{n=1}^{\infty} u_n$，即 $\sum_{n=1}^{\infty} u_n = u_1 + u_2 + u_3 + \cdots + u_n + \cdots$，其中第 n 项 u_n 叫作级数的一般项.

直观上，级数表示了无穷多个实数的"形式和"，但是无穷多个实数的"和"是否存在？如果存在，如何求"和"？

级数的部分和：称级数 $\sum_{n=1}^{\infty} u_n$ 的前 n 项和：$s_n = \sum_{i=1}^{\infty} u_i = u_1 + u_2 + u_3 + \cdots + u_n$ 为级数 $\sum_{n=1}^{\infty} u_n$ 的部分和.

级数收敛性定义：如果级数 $\sum_{n=1}^{\infty} u_n$ 的部分和数列 $\{s_n\}$ 有极限 s，即 $\lim_{n \to \infty} s_n = s$，则称无穷级数 $\sum_{n=1}^{\infty} u_n$ 收敛，这时极限 s 叫作该级数的和，并写成 $s = \sum_{n=1}^{\infty} u_n = u_1 + u_2 + u_3 + \cdots + u_n + \cdots$；如果 $\{s_n\}$ 没有极限，则称无穷级数 $\sum_{n=1}^{\infty} u_n$ 发散.

由定义知，级数 $\sum_{n=1}^{\infty} u_n$ 和它的部分和 $\{s_n\}$ 同敛散. 收敛级数存在和，发散级数没有和.

余项：当级数 $\sum_{n=1}^{\infty} u_n$ 收敛时，其部分和 s_n 是级数 $\sum_{n=1}^{\infty} u_n$ 的和 s 的近似值，它们之间的差值 $r_n = s - s_n = u_{n+1} + u_{n+2} + \cdots$ 叫作级数 $\sum_{n=1}^{\infty} u_n$ 的余项.

例 11-1 讨论等比级数（几何级数）$\sum_{n=0}^{\infty} aq^n = a + aq + aq^2 + \cdots + aq^n + \cdots$ 的收敛性，其中 $a \neq 0$，q 叫作级数的公比.

解 如果 $q \neq 1$，则部分和 $s_n = a + aq + aq^2 + \cdots + aq^{n-1} = \dfrac{a(1-q^n)}{1-q}$.

当 $|q| < 1$ 时，因为 $\lim\limits_{n \to \infty} s_n = \dfrac{a}{1-q}$，所以此时级数 $\sum_{n=0}^{\infty} aq^n$ 收敛，其和为 $\dfrac{a}{1-q}$.

当 $|q| > 1$ 时，因为 $\lim\limits_{n \to \infty} s_n = \infty$，所以此时级数 $\sum_{n=0}^{\infty} aq^n$ 发散.

如果 $|q| = 1$，则当 $q = 1$ 时，$s_n = na \to \infty$，因此级数 $\sum_{n=0}^{\infty} aq^n$ 发散；

当 $q = -1$ 时，级数 $\sum_{n=0}^{\infty} aq^n = a - a + a - a + \cdots$，因为 s_n 随着 n 为奇数或偶数而等于 a 或零，所以 s_n 的极限不存在，这时级数 $\sum_{n=0}^{\infty} aq^n$ 也发散.

综上所述，如果 $|q| < 1$，则级数 $\sum_{n=0}^{\infty} aq^n$ 收敛，其和为 $\dfrac{a}{1-q}$；如果 $|q| \geq 1$，则级数 $\sum_{n=0}^{\infty} aq^n$ 发散.

例 11-2 证明调和级数 $\sum_{n=1}^{\infty} \dfrac{1}{n} = 1 + \dfrac{1}{2} + \dfrac{1}{3} + \cdots + \dfrac{1}{n} + \cdots$ 是发散的.

证 利用不等式 $\ln(1+x) < x \, (x > 0)$，有

$$\begin{aligned}
s_n &= 1 + \dfrac{1}{2} + \dfrac{1}{3} + \cdots + \dfrac{1}{n} \\
&> \ln(1+1) + \ln\left(1 + \dfrac{1}{2}\right) + \ln\left(1 + \dfrac{1}{3}\right) + \cdots + \ln\left(1 + \dfrac{1}{n}\right) \\
&= \ln\left(2 \times \dfrac{3}{2} \times \dfrac{4}{3} \times \cdots \times \dfrac{n+1}{n}\right) \\
&= \ln(n+1).
\end{aligned}$$

因为 $\lim\limits_{n \to \infty} \ln(1+n) = +\infty$，所以 $\lim\limits_{n \to \infty} s_n = +\infty$，从而该级数发散.

11.1.2 收敛级数的基本性质

定理 11-1 如果级数 $\sum_{n=1}^{\infty} u_n$、$\sum_{n=1}^{\infty} v_n$ 分别收敛于和 s、σ，k 为一常数，则

(1) 级数 $\sum_{n=1}^{\infty} ku_n$ 也收敛，且其和为 ks.

(2) 级数 $\sum_{n=1}^{\infty} (u_n \pm v_n)$ 也收敛，且其和为 $s \pm \sigma$.

证 如果 $\sum_{n=1}^{\infty} u_n$、$\sum_{n=1}^{\infty} v_n$、$\sum_{n=1}^{\infty} ku_n$、$\sum_{n=1}^{\infty} (u_n \pm v_n)$ 的部分和分别为 s_n、σ_n、t_n、τ_n，则

$$\lim_{n\to\infty} t_n = \lim_{n\to\infty}(ku_1 + ku_2 + \cdots + ku_n) = k\lim_{n\to\infty}(u_1 + u_2 + \cdots + u_n) = k\lim_{n\to\infty} s_n = ks.$$

$$\lim_{n\to\infty} \tau_n = \lim_{n\to\infty}[(u_1 \pm v_1) + (u_2 \pm v_2) + \cdots + (u_n \pm v_n)]$$
$$= \lim_{n\to\infty}[(u_1 + u_2 + \cdots + u_n) \pm (v_1 + v_2 + \cdots + v_n)]$$
$$= \lim_{n\to\infty}(s_n \pm \sigma_n) = s \pm \sigma.$$

推论 11-1 (1) 若级数 $\sum_{n=1}^{\infty} u_n$ 收敛，$\sum_{n=1}^{\infty} v_n$ 发散，则 $\sum_{n=1}^{\infty} (u_n \pm v_n)$ 发散；

(2) 若级数 $\sum_{n=1}^{\infty} u_n$、$\sum_{n=1}^{\infty} v_n$ 分别发散，则 $\sum_{n=1}^{\infty} (u_n \pm v_n)$ 可能收敛，也可能发散.

例 11-3 $\sum_{n=1}^{\infty} \frac{1}{n}$ 发散，$\sum_{n=1}^{\infty} 2\frac{1}{n} = \sum_{n=1}^{\infty}(\frac{1}{n} + \frac{1}{n})$ 发散；但 $\sum_{n=1}^{\infty} \frac{1}{n(n+1)} = \sum_{n=1}^{\infty}(\frac{1}{n} - \frac{1}{n+1})$ 收敛，因为

$$\lim_{n\to\infty} s_n = \lim_{n\to\infty}\left[\frac{1}{1\times 2} + \frac{1}{2\times 3} + \cdots + \frac{1}{n\times(n+1)}\right] = \lim_{n\to\infty}\left[1 - \frac{1}{2} + \frac{1}{2} - \frac{1}{3} + \cdots + \frac{1}{n} - \frac{1}{n+1}\right] = 1.$$

定理 11-2 在级数中去掉、加上或改变有限项，不会改变级数的收敛性.

定理 11-3 如果级数 $\sum_{n=1}^{\infty} u_n$ 收敛，则对该级数的项任意加括号后所成的级数仍收敛，且其和不变.

注 如果加括号后所成的级数收敛，则不能断定去括号后原来的级数也收敛. 例如，级数 $(1-1) + (1-1) + \cdots$ 收敛于零，但级数 $1-1+1-1+\cdots$ 却是发散的.

推论 11-2 如果加括号后所成的级数发散，则原来级数也发散.

定理 11-4 如果 $\sum_{n=1}^{\infty} u_n$ 收敛，则它的一般项 u_n 趋于零，即 $\lim_{n\to\infty} u_n = 0$.

证 设级数 $\sum_{n=1}^{\infty} u_n$ 的部分和为 s_n，且 $\lim_{n\to\infty} s_n = s$，则

$$\lim_{n\to\infty} u_n = \lim_{n\to\infty}(s_n - s_{n-1}) = \lim_{n\to\infty} s_n - \lim_{n\to\infty} s_{n-1} = s - s = 0.$$

注 级数的一般项趋于零并不是级数收敛的充分条件.

例 11-4 级数 $\sum_{n=1}^{\infty} \frac{1}{n(n+1)}$、$\sum_{n=1}^{\infty} \frac{1}{n}$ 都有 $\lim_{n\to\infty} \frac{1}{n(n+1)} = 0$，$\lim_{n\to\infty} \frac{1}{n} = 0$，但二者一个收敛，一个发散.

11.2 常数项级数的审敛法

由于直接用定义判别级数的敛散性通常比较困难，因此，需要寻求一些判别级数敛散性的方法——级数的审敛法.

11.2.1 正项级数及其审敛法

正项级数的概念：设有级数 $\sum_{n=1}^{\infty} u_n$，若对于一切的 n 都有 $u_n \geqslant 0$，则称其为正项级数.

正项级数的性质：正项级数的部分和 $\{s_n\}$ 是单调递增数列.

正项级数收敛的充要条件

定理 11-5 正项级数 $\sum_{n=1}^{\infty} u_n$ 收敛的充分必要条件为它的部分和数列 $\{s_n\}$ 有界.

正项级数 $\sum_{n=1}^{\infty} u_n$ 发散的充分必要条件为 $\lim_{n\to\infty} s_n = \infty$.

正项级数的审敛法.

正项级数 $\sum_{n=1}^{\infty} u_n$ 的部分和 s_n 的大小与一般项 u_n 的大小有关系，因此，可以通过比较一般项的大小来建立不同的正项级数的敛散性的关系.

定理 11-6（比较审敛法） 设 $\sum_{n=1}^{\infty} u_n$ 和 $\sum_{n=1}^{\infty} v_n$ 都是正项级数，且 $u_n \leqslant v_n$，则

（1）若 $\sum_{n=1}^{\infty} v_n$ 收敛，则 $\sum_{n=1}^{\infty} u_n$ 收敛；（2）若 $\sum_{n=1}^{\infty} u_n$ 发散，则 $\sum_{n=1}^{\infty} v_n$ 发散.

证 设级数 $\sum_{n=1}^{\infty} v_n$ 的部分和 σ_n，级数 $\sum_{n=1}^{\infty} u_n$ 的部分和 s_n，则

$$s_n = u_1 + u_2 + \cdots + u_n \leqslant v_1 + v_2 + \cdots + v_n = \sigma_n \ (\forall n \geqslant N).$$

若 $\sum_{n=1}^{\infty} v_n$ 收敛，则 $\{\sigma_n\}$ 有界，从而 $\{s_n\}$ 有界，由定理 11-5 知级数 $\sum_{n=1}^{\infty} u_n$ 收敛.

反之，设级数 $\sum_{n=1}^{\infty} u_n$ 发散，则 $\lim_{n\to\infty} s_n = \infty$，从而 $\lim_{n\to\infty} \sigma_n = \infty$，因此，级数 $\sum_{n=1}^{\infty} v_n$ 必发散.

推论 11-3（比较审敛法） 设 $\sum_{n=1}^{\infty} u_n$ 和 $\sum_{n=1}^{\infty} v_n$ 都是正项级数，且 $u_n \leqslant kv_n(k>0, \forall n \geqslant N)$. 则

（1）若 $\sum_{n=1}^{\infty} v_n$ 收敛，则 $\sum_{n=1}^{\infty} u_n$ 收敛；（2）若 $\sum_{n=1}^{\infty} u_n$ 发散，则 $\sum_{n=1}^{\infty} v_n$ 发散.

例 11-5 讨论 p-级数 $\sum_{n=1}^{\infty} \frac{1}{n^p} = 1 + \frac{1}{2^p} + \frac{1}{3^p} + \frac{1}{4^p} + \cdots + \frac{1}{n^p} + \cdots$ 的收敛性，其中常数 $p > 0$.

解 设 $p \leqslant 1$. 这时 $\frac{1}{n^p} \geqslant \frac{1}{n}$，调和级数 $\sum_{n=1}^{\infty} \frac{1}{n}$ 发散，由比较审敛法知，当 $p \leqslant 1$ 时，级数 $\sum_{n=1}^{\infty} \frac{1}{n^p}$ 发散.

设 $p>1$. 观察图 11-2，其中曲线为 $y=\dfrac{1}{x^p}$ 的图形，则级数的部分和

$$s_n = \dfrac{1}{1^p}+\dfrac{1}{2^p}+\dfrac{1}{3^p}+\cdots+\dfrac{1}{n^p} \leq 1+\int_1^n \dfrac{1}{x^p}\mathrm{d}x = 1+\dfrac{1}{p-1}\left(1-\dfrac{1}{n^{p-1}}\right) < 1+\dfrac{1}{p-1},$$

由 $\{s_n\}$ 有界知，级数 $\sum\limits_{n=1}^{\infty}\dfrac{1}{n^p}$ 当 $p>1$ 时收敛.

综上所述，p-级数 $\sum\limits_{n=1}^{\infty}\dfrac{1}{n^p}$ 当 $p>1$ 时收敛，当 $p\leq 1$ 时发散.

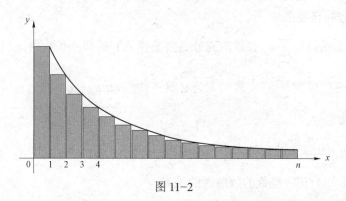

图 11-2

例 11-6 证明级数 $\sum\limits_{n=1}^{\infty}\dfrac{1}{\sqrt{n(n+1)}}$ 是发散的.

证 因为 $\dfrac{1}{\sqrt{n(n+1)}} > \dfrac{1}{\sqrt{(n+1)^2}} = \dfrac{1}{n+1}$，而级数 $\sum\limits_{n=1}^{\infty}\dfrac{1}{n+1} = \dfrac{1}{2}+\dfrac{1}{3}+\cdots+\dfrac{1}{n+1}+\cdots$ 是发散的，根据比较审敛法可知，所给级数也是发散的.

比较审敛法需要通过放缩法建立已知敛散性的"参照级数"，技巧性比较强. 由于正项级数的一般项的大小也与它作为无穷小量的收敛速度有关，因此，也可以通过比较无穷小量的阶来建立不同正项级数的收敛性的关系.

定理 11-7（比较审敛法的极限形式） 设 $\sum\limits_{n=1}^{\infty}u_n$ 和 $\sum\limits_{n=1}^{\infty}v_n$ 都是正项级数，那么

（1）如果 $\lim\limits_{n\to\infty}\dfrac{u_n}{v_n}=0$，且级数 $\sum\limits_{n=1}^{\infty}v_n$ 收敛，则级数 $\sum\limits_{n=1}^{\infty}u_n$ 收敛；

（2）如果 $\lim\limits_{n\to\infty}\dfrac{u_n}{v_n}=+\infty$，且级数 $\sum\limits_{n=1}^{\infty}v_n$ 发散，则级数 $\sum\limits_{n=1}^{\infty}u_n$ 发散；

（3）如果 $\lim\limits_{n\to\infty}\dfrac{u_n}{v_n}=l\,(0<l<+\infty)$，则级数 $\sum\limits_{n=1}^{\infty}u_n$、$\sum\limits_{n=1}^{\infty}v_n$ 同敛散.

例 11-7 判别级数 $\sum\limits_{n=1}^{\infty}\sin\dfrac{1}{n}$ 的收敛性.

解 因为 $\lim\limits_{n\to\infty}\dfrac{\sin\dfrac{1}{n}}{\dfrac{1}{n}}=1$，而级数 $\sum\limits_{n=1}^{\infty}\dfrac{1}{n}$ 发散，根据比较审敛法的极限形式，级数 $\sum\limits_{n=1}^{\infty}\sin\dfrac{1}{n}$ 发散.

例 11-8 判别级数 $\sum\limits_{n=1}^{\infty}\ln\left(1+\dfrac{1}{n^2}\right)$ 的收敛性.

解 因为 $\lim\limits_{n\to\infty}\dfrac{\ln\left(1+\dfrac{1}{n^2}\right)}{\dfrac{1}{n^2}}=1$，而级数 $\sum\limits_{n=1}^{\infty}\dfrac{1}{n^2}$ 收敛，根据比较审敛法的极限形式，级数 $\sum\limits_{n=1}^{\infty}\ln\left(1+\dfrac{1}{n^2}\right)$ 收敛.

正项级数的敛散性与一般项收敛于 0 的速度有关，而这一收敛速度又可以用其相邻两项比值的大小来描述.

定理 11-8（比值审敛法，达朗贝尔判别法） 若正项级数 $\sum\limits_{n=1}^{\infty}u_n$ 满足 $\lim\limits_{n\to\infty}\dfrac{u_{n+1}}{u_n}=\rho$，则

当 $\rho<1$ 时级数收敛；

当 $\rho>1$ 或 $\lim\limits_{n\to\infty}\dfrac{u_{n+1}}{u_n}=\infty$ 时级数发散；

当 $\rho=1$ 时级数可能收敛也可能发散.

证 当 $\rho>1$ 时，存在 $N^*>0$，使得当 $n>N^*$ 时，有 $u_{n+1}\geq u_n>1$，故级数发散；

当 $\rho<1$ 时，存在 $q(\rho<q<1)$ 和 $N^*>0$，使得当 $n>N^*$ 时，有 $\dfrac{u_{n+1}}{u_n}\leq q<1$，从而

$u_{N^*+k}\leq qu_{N^*+k-1}\leq q^2 u_{N^*+k-2}\leq\cdots\leq q^{k-1}u_{N^*+1}$，由 $\sum\limits_{k=1}^{\infty}q^{k-1}$ 收敛，知 $\sum\limits_{k=1}^{\infty}u_{N^*+k}$ 收敛，因此，$\sum\limits_{n=1}^{\infty}u_n$ 收敛.

通过实例考察，对于级数 $\sum\limits_{n=1}^{\infty}\dfrac{1}{n}$、$\sum\limits_{n=1}^{\infty}\dfrac{1}{n^2}$，都有 $\lim\limits_{n\to\infty}\dfrac{u_{n+1}}{u_n}=1$，但二者一个收敛、一个发散. 所以当 $\rho=1$ 时，用比值审敛法无法判断级数的收敛性.

例 11-9 判别级数 $\dfrac{1}{10}+\dfrac{1\times 2}{10^2}+\dfrac{1\times 2\times 3}{10^3}+\cdots+\dfrac{n!}{10^n}+\cdots$ 的收敛性.

解 因为 $\lim\limits_{n\to\infty}\dfrac{u_{n+1}}{u_n}=\lim\limits_{n\to\infty}\dfrac{(n+1)!}{10^{n+1}}\cdot\dfrac{10^n}{n!}=\lim\limits_{n\to\infty}\dfrac{n+1}{10}=\infty$，根据比值审敛法可知所给级数发散.

例 11-10 判别级数 $\sum\limits_{n=\infty}^{\infty}\dfrac{1}{(2n-1)\cdot 2n}$ 的收敛性.

解 $\lim\limits_{n\to\infty}\dfrac{u_{n+1}}{u_n}=\lim\limits_{n\to\infty}\dfrac{(2n-1)\cdot 2n}{(2n+1)\cdot(2n+2)}=1$.

这时 $\rho=1$，比值审敛法失效，必须用其他方法来判别级数的收敛性.

因为 $\dfrac{1}{(2n-1)\cdot 2n}<\dfrac{1}{n^2}$，而级数 $\sum\limits_{n=1}^{\infty}\dfrac{1}{n^2}$ 收敛，因此，由比较审敛法可知所给级数收敛.

比值审敛法实际上是以等比级数作为比较的标准而建立起来的审敛法. 同理，以等比级数作为比较的标准，还可以得到根值审敛法.

定理 11-9（根值审敛法，柯西判别法） 若正项级数 $\sum\limits_{n=1}^{\infty}u_n$ 满足 $\lim\limits_{n\to\infty}\sqrt[n]{u_n}=\rho$，则

当 $\rho<1$ 时级数收敛；

当 $\rho>1$ 或 $\lim\limits_{n\to\infty}\sqrt[n]{u_n}=+\infty$ 时级数发散；

当 $\rho=1$ 时级数可能收敛也可能发散.

证 当 $\rho>1$ 时，存在 $N^*>0$，使得当 $n>N^*$ 时，有 $u_n>1$，故级数发散；

当 $\rho<1$ 时，存在 $q(\rho<q<1)$ 和 $N^*>0$，使得当 $n>N^*$ 时，有 $\sqrt[n]{u_n}\leqslant q<1$，从而 $0\leqslant u_n\leqslant q^n$. 由 $\sum\limits_{n=1}^{\infty}q^n$ 收敛，知 $\sum\limits_{n=1}^{\infty}u_n$ 收敛.

通过实例考察，对于级数 $\sum\limits_{n=1}^{\infty}\dfrac{1}{n}$、$\sum\limits_{n=1}^{\infty}\dfrac{1}{n^2}$，都有 $\lim\limits_{n\to\infty}\sqrt[n]{u_n}=1$，但二者一个收敛、一个发散. 所以当 $\rho=1$ 时，用根值审敛法无法判断级数的收敛性.

例 11-11 判定级数 $\sum\limits_{n=1}^{\infty}\dfrac{2+(-1)^n}{2^n}$ 的收敛性.

解 因为 $\lim\limits_{n\to\infty}\sqrt[n]{u_n}=\lim\limits_{n\to\infty}\dfrac{1}{2}\sqrt[n]{2+(-1)^n}=\dfrac{1}{2}$，所以，根据根值审敛法知，所给级数收敛.

11.2.2 交错级数及其审敛法

交错级数：交错级数是这样的级数，它的各项是正负交错的.

交错级数的一般形式为 $\sum\limits_{n=1}^{\infty}(-1)^{n-1}u_n$ 或 $\sum\limits_{n=1}^{\infty}(-1)^n u_n$，其中 $u_n>0$. 显然这两种交错级数有相同的收敛性.

交错级数的相邻项可以相互抵消，这使得它的收敛速度要比正项级数快，收敛的条件也比正项级数弱.

定理 11-10（莱布尼茨定理） 如果交错级数 $\sum\limits_{n=1}^{\infty}(-1)^{n-1}u_n$ 满足条件：

（1）$u_n\geqslant u_{n+1}$ ($n=1, 2, 3, \cdots$)；（2）$\lim\limits_{n\to\infty}u_n=0$.

则级数收敛，且其和 $s\leqslant u_1$，其余项 r_n 的绝对值 $|r_n|\leqslant u_{n+1}$.

证 设前 n 项部分和为 s_n.

由 $s_{2n}=(u_1-u_2)+(u_3-u_4)+\cdots+(u_{2n-1}-u_{2n})$，以及 $s_{2n}=u_1-(u_2-u_3)-(u_4-u_5)-\cdots-(u_{2n-2}-u_{2n-1})-u_{2n}\leqslant u_1$ 看出数列 $\{s_{2n}\}$ 单调增加且有上界，所以 $\{s_{2n}\}$ 收敛.

设 $s_{2n} \to s(n \to \infty)$，则也有 $s_{2n+1}=s_{2n}+u_{2n+1} \to s(n \to \infty)$，所以 $s_n \to s(n \to \infty)$. 从而级数是收敛的，且 $s < u_1$. 因为 $|r_n|=u_{n+1}-u_{n+2}+\cdots$ 也是收敛的交错级数，所以 $|r_n| \leq u_{n+1}$.

例 11-12 证明级数 $\sum_{n=1}^{\infty}(-1)^{n-1}\frac{1}{n}$ 收敛，并估计和及余项.

证 这是一个交错级数. 因为此级数满足

（1） $u_n = \frac{1}{n} > \frac{1}{n+1} = u_{n+1}\,(n=1,2,\cdots)$；（2） $\lim_{n\to\infty} u_n = \lim_{n\to\infty}\frac{1}{n} = 0$.

由莱布尼茨定理，级数是收敛的，且其和 $s < u_1 = 1$，余项 $|r_n| \leq u_{n+1} = \frac{1}{n+1}$.

11.2.3 绝对收敛与条件收敛

对于一般的数项级数，直接考虑其收敛性常有困难，而正项级数已有一套比较有效的审敛法，因此，可以考虑将其一般项加绝对值转化为正项级数来考察.

定理 11-11 若级数 $\sum_{n=1}^{\infty}|u_n|$ 收敛，则级数 $\sum_{n=1}^{\infty}u_n$ 必定收敛.

证 设 $v_n = |u_n|+u_n$，由于 $0 \leq v_n = (|u_n|+u_n) \leq 2|u_n|$，且 $\sum_{n=1}^{\infty}|u_n|$ 收敛，由正项级数的比较审敛法知 $\sum_{n=1}^{\infty}v_n$ 收敛. 又 $u_n = (|u_n|+u_n)-|u_n| = v_n-|u_n|$，因此 $\sum_{n=1}^{\infty}u_n$ 也收敛.

值得注意的是，如果级数 $\sum_{n=1}^{\infty}|u_n|$ 发散，不能断定级数 $\sum_{n=1}^{\infty}u_n$ 也发散. 如调和级数 $\sum_{n=1}^{\infty}\frac{1}{n}$ 发散，但是级数 $\sum_{n=1}^{\infty}(-1)^{n-1}\frac{1}{n}$ 是收敛的. 因此，将收敛的数项级数分为绝对收敛和条件收敛.

绝对收敛与条件收敛：若级数 $\sum_{n=1}^{\infty}|u_n|$ 收敛，则称级数 $\sum_{n=1}^{\infty}u_n$ 绝对收敛；若级数 $\sum_{n=1}^{\infty}u_n$ 收敛，而级数 $\sum_{n=1}^{\infty}|u_n|$ 发散，则称级数 $\sum_{n=1}^{\infty}u_n$ 条件收敛.

例 11-13 判别级数 $\sum_{n=1}^{\infty}\frac{\sin na}{n^2}$ 的收敛性. 若收敛，是条件收敛，还是绝对收敛？

解 因为 $\left|\frac{\sin na}{n^2}\right| \leq \frac{1}{n^2}$，而级数 $\sum_{n=1}^{\infty}\frac{1}{n^2}$ 是收敛的，所以级数 $\sum_{n=1}^{\infty}\left|\frac{\sin na}{n^2}\right|$ 也收敛，从而级数 $\sum_{n=1}^{\infty}\frac{\sin na}{n^2}$ 绝对收敛.

例 11-14 判别级数 $\sum_{n=1}^{\infty}(-1)^n\frac{1}{2^n}\left(1+\frac{1}{n}\right)^{n^2}$ 的收敛性. 若收敛，是条件收敛，还是绝对收敛？

解 由 $|u_n| = \frac{1}{2^n}\left(1+\frac{1}{n}\right)^{n^2}$，有 $\lim_{n\to\infty}\sqrt[n]{|u_n|} = \frac{1}{2}\lim_{n\to\infty}\left(1+\frac{1}{n}\right)^n = \frac{1}{2}\mathrm{e} > 1$，可知 $\lim_{n\to\infty}u_n \neq 0$，因此，级

数 $\sum_{n=1}^{\infty}(-1)^n \frac{1}{2^n}\left(1+\frac{1}{n}\right)^{n^2}$ 发散.

注 如果用比值审敛法或根值审敛法判定级数 $\sum_{n=1}^{\infty}|u_n|$ 发散，则可以断定级数 $\sum_{n=1}^{\infty}u_n$ 必定发散，因为此时 $\lim_{n\to\infty}u_n \neq 0$.

例 11-15 判别级数 $\sum_{n=1}^{\infty}(-1)^n \frac{\ln n}{n}$ 的收敛性. 若收敛，是条件收敛，还是绝对收敛？

解 $u_n = \frac{\ln n}{n}$，因为 $\lim_{n\to\infty} \frac{\frac{\ln n}{n}}{\frac{1}{n}} = \infty$，而级数 $\sum_{n=1}^{\infty} \frac{1}{n}$ 发散，根据比较审敛法的极限形式，级数 $\sum_{n=1}^{\infty} \frac{\ln n}{n}$ 发散，从而级数 $\sum_{n=1}^{\infty}(-1)^n \frac{\ln n}{n}$ 不是绝对收敛；又 $\lim_{x\to+\infty} \frac{\ln x}{x} = \lim_{x\to+\infty} \frac{1}{x} = 0$，知 $\lim_{n\to\infty} \frac{\ln n}{n} = 0$. 令 $f(x) = \frac{\ln x}{x}$，$x > 0$. $f'(x) = \frac{1-\ln x}{x^2} < 0$，$x > \mathrm{e}$. 因此，$f(x)$ 在 $[\mathrm{e}, +\infty)$ 上单调递减. 从而 $u_n = \frac{\ln n}{n}$ 在 $n \geq 3$ 时单调递减. 由莱布尼茨审敛法，知交错级数 $\sum_{n=1}^{\infty}(-1)^n \frac{\ln n}{n}$ 收敛，即条件收敛.

注 如果需要利用导数求极限或判断单调性，需要借助辅助函数来进行，因为直接对数列求导是没有意义的.

11.3 幂级数

11.3.1 函数项级数的概念

函数项级数：给定一个定义在区间 I 上的函数列 $\{u_n(x)\}$，由这个函数列构成的表达式
$$u_1(x) + u_2(x) + u_3(x) + \cdots + u_n(x) + \cdots$$
称为定义在区间 I 上的（函数项）级数，记为 $\sum_{n=1}^{\infty} u_n(x)$.

收敛点与发散点：对于区间 I 内的一定点 x_0，若常数项级数 $\sum_{n=1}^{\infty} u_n(x_0)$ 收敛，则称点 x_0 是级数 $\sum_{n=1}^{\infty} u_n(x)$ 的收敛点. 若常数项级数 $\sum_{n=1}^{\infty} u_n(x_0)$ 发散，则称点 x_0 是级数 $\sum_{n=1}^{\infty} u_n(x)$ 的发散点.

收敛域与发散域：函数项级数 $\sum_{n=1}^{\infty} u_n(x)$ 的所有收敛点的全体称为它的收敛域 I_1，所有发散点的全体称为它的发散域 I_2.

和函数：任给 $x \in I_1$，数项级数 $\sum_{n=1}^{\infty} u_n(x)$ 收敛，其和是 x 的函数 $s(x)$. $s(x)$ 称为函数项级数

$\sum_{n=1}^{\infty}u_n(x)$ 的和函数，并写成 $s(x)=\sum_{n=1}^{\infty}u_n(x)$，任给 $x\in I_1$.

部分和：函数项级数 $\sum_{n=1}^{\infty}u_n(x)$ 的前 n 项的部分和记作 $s_n(x)$，即 $s_n(x)=u_1(x)+u_2(x)+u_3(x)+\cdots+u_n(x)$. 在收敛域上，有 $\lim_{n\to\infty}s_n(x)=s(x)$，任给 $x\in I_1$.

余项：$r_n(x)=s(x)-s_n(x)$ 叫作函数项级数 $\sum_{n=1}^{\infty}u_n(x)$ 的余项. 在收敛域上有 $\lim_{n\to\infty}r_n(x)=0$，任给 $x\in I_1$.

例 11-16 讨论函数项级数 $\sum_{n=0}^{\infty}x^n=1+x+x^2+\cdots+x^n+\cdots$ 的敛散性.

解 由 11.1 节的几何级数收敛性的讨论得：当 $|x|<1$ 时，级数 $\sum_{n=0}^{\infty}x^n$ 收敛且收敛于 $\frac{1}{1-x}$；当 $|x|\geqslant 1$ 时，级数 $\sum_{n=0}^{\infty}x^n$ 发散. 因此，该级数的收敛域为区间 $(-1,1)$，发散域为 $(-\infty,-1]\cup[1,+\infty)$. 在 $(-1,1)$ 内级数 $\sum_{n=0}^{\infty}x^n$ 的和函数为 $\frac{1}{1-x}$，即 $\sum_{n=0}^{\infty}x^n=\frac{1}{1-x}$，$x\in(-1,1)$.

11.3.2 幂级数及其收敛性

为了建立用函数项级数表示复杂函数的方法：$f(x)=\sum_{n=1}^{\infty}a_nu_n(x)$，要求基础函数列 $\{u_n(x)\}$ 在计算上要足够简单，并具有良好的分析性质，由此想到了幂函数列 $\{x^n\}$.

幂级数：形如 $a_0+a_1x+a_2x^2+\cdots+a_nx^n+\cdots$ 或 $a_0+a_1(x-x_0)+a_2(x-x_0)^2+\cdots+a_n(x-x_0)^n+\cdots$ 的函数项级数称为幂级数，其中常数 $a_0,a_1,a_2,\cdots,a_n,\cdots$ 叫作幂级数的系数.

这两种幂级数可经变换 $t=x-x_0$ 相互转换，因此，采用特殊形式的幂级数 $\sum_{n=0}^{\infty}a_nx^n$ 进行讨论不会丧失一般项.

例 11-17 求幂级数 $\sum_{n=1}^{\infty}\frac{x^n}{n}=1+x+\frac{x^2}{2}+\cdots+\frac{x^n}{n}+\cdots$ 的收敛域.

解 任给 $x_0\in(-\infty,\infty)$，$\lim_{n\to\infty}\dfrac{\left|\dfrac{x_0^{n+1}}{n+1}\right|}{\left|\dfrac{x_0^n}{n}\right|}=|x_0|$，由比值审敛法，

当 $|x_0|<1$ 时，该幂级数收敛（且为绝对收敛）；当 $|x_0|>1$ 时，该幂级数发散；

当 $x_0=1$ 时，原幂级数化为 $\sum_{n=1}^{\infty}\frac{1}{n}$，该级数是发散的；当 $x_0=-1$ 时，原幂级数化为 $\sum_{n=1}^{\infty}\frac{(-1)^n}{n}$，

该级数是收敛的.

综上,该幂级数的收敛域为$[-1,1)$,发散域为$(-\infty,-1)\cup[1,+\infty)$(见图11-3).

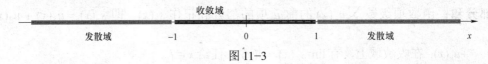

图 11-3

从数轴上可以直观看出,该幂级数的收敛点和发散点具有连续、对称分布的特征.从原点出发朝数轴的两侧,收敛点和发散点不交替出现.

定理 11-12(阿贝尔定理) 如果级数$\sum_{n=0}^{\infty}a_n x^n$当$x=x_0$ $(x_0\neq 0)$时收敛,则适合不等式$|x|<|x_0|$的一切x都使该幂级数绝对收敛.反之,如果级数$\sum_{n=0}^{\infty}a_n x^n$当$x=x_1$时发散,则适合不等式$|x|>|x_1|$的一切$x$都使该幂级数发散.

证 先设x_0是幂级数$\sum_{n=0}^{\infty}a_n x^n$的收敛点,即级数$\sum_{n=0}^{\infty}a_n x_0^n$收敛.根据级数收敛的必要条件,有$\lim_{n\to\infty}a_n x_0^n=0$,于是存在一个常数$M$,使$|a_n x_0^n|\leq M$ $(n=0,1,2,\cdots)$.这样级数$\sum_{n=0}^{\infty}a_n x^n$的一般项的绝对值$|a_n x^n|=\left|a_n x_0^n\cdot\frac{x^n}{x_0^n}\right|=|a_n x_0^n|\cdot\left|\frac{x}{x_0}\right|^n\leq M\cdot\left|\frac{x}{x_0}\right|^n$.

因为当$|x|<|x_0|$时,等比级数$\sum_{n=0}^{\infty}M\cdot\left|\frac{x}{x_0}\right|^n$收敛,所以级数$\sum_{n=0}^{\infty}|a_n x^n|$收敛,也就是级数$\sum_{n=0}^{\infty}a_n x^n$绝对收敛.

定理11-12的第二部分可用反证法证明.倘若幂级数当$x=x_1$时发散而有一点x_2适合$|x_2|>|x_1|$使级数收敛,则根据本定理的第一部分,级数当$x=x_1$时应收敛,这与所设矛盾(见图11-4).定理得证.

图 11-4

推论 11-4 如果级数$\sum_{n=0}^{\infty}a_n x^n$不是仅在点$x=0$收敛,也不是在整个数轴上都收敛,则必有一个完全确定的正数R存在,使得当$|x|<R$时,幂级数绝对收敛;当$|x|>R$时,幂级数发散;当$x=R$与$x=-R$时,幂级数可能收敛也可能发散.

收敛半径与收敛区间:正数R通常叫作幂级数$\sum_{n=0}^{\infty}a_n x^n$的收敛半径.开区间$(-R,R)$叫作幂级数$\sum_{n=0}^{\infty}a_n x^n$的收敛区间.再由幂级数在$x=\pm R$处的收敛性就可以决定它的收敛域.幂级数

$\sum_{n=0}^{\infty} a_n x^n$ 的收敛域是 $(-R, R)$ (或$[-R, R)$、$(-R, R]$、$[-R, R]$) 之一.

规定：若幂级数 $\sum_{n=0}^{\infty} a_n x^n$ 只在 $x=0$ 收敛，则规定收敛半径 $R=0$，若幂级数 $\sum_{n=0}^{\infty} a_n x^n$ 对一切 x 都收敛，则规定收敛半径 $R=+\infty$，这时收敛域为 $(-\infty, +\infty)$.

定理 11-13 如果 $\lim_{n\to\infty}\left|\dfrac{a_{n+1}}{a_n}\right|=\rho$，其中 a_n 是幂级数 $\sum_{n=0}^{\infty} a_n x^n$ 的系数，则该幂级数的收敛半径

$$R = \begin{cases} +\infty & \rho = 0 \\ \dfrac{1}{\rho} & \rho \neq 0 \\ 0 & \rho = +\infty \end{cases}.$$

证 $\lim_{n\to\infty}\left|\dfrac{a_{n+1}x^{n+1}}{a_n x^n}\right| = \lim_{n\to\infty}\left|\dfrac{a_{n+1}}{a_n}\right| \cdot |x| = \rho|x|$.

（1）如果 $0<\rho<+\infty$，则当 $\rho|x|<1$，即 $|x|<1/\rho$ 时幂级数收敛；当 $\rho|x|>1$，即 $|x|>1/\rho$ 时幂级数发散，故 $R = \dfrac{1}{\rho}$.

（2）如果 $\rho=0$，则幂级数总是收敛的，故 $R=+\infty$.

（3）如果 $\rho=+\infty$，则只当 $x=0$ 时幂级数收敛，故 $R=0$.

例 11-18 求幂级数 $\sum_{n=1}^{\infty}(-1)^{n-1}\dfrac{x^n}{n}$ 的收敛半径与收敛域.

解 因为 $\rho = \lim_{n\to\infty}\left|\dfrac{a_{n+1}}{a_n}\right| = \lim_{n\to\infty}\dfrac{\frac{1}{n+1}}{\frac{1}{n}} = 1$，所以收敛半径为 $R=\dfrac{1}{\rho}=1$. 当 $x=1$ 时，幂级数成为 $\sum_{n=1}^{\infty}(-1)^{n-1}\dfrac{1}{n}$，是收敛的；当 $x=-1$ 时，幂级数成为 $\sum_{n=1}^{\infty}\left(-\dfrac{1}{n}\right)$，是发散的. 因此，收敛域为 $(-1, 1]$.

例 11-19 求幂级数 $\sum_{n=0}^{\infty}\dfrac{1}{n!}x^n$ 的收敛域.

解 因为 $\rho = \lim_{n\to\infty}\left|\dfrac{a_{n+1}}{a_n}\right| = \lim_{n\to\infty}\dfrac{\frac{1}{(n+1)!}}{\frac{1}{n!}} = \lim_{n\to\infty}\dfrac{n!}{(n+1)!} = 0$，所以收敛半径为 $R=+\infty$，从而收敛域为 $(-\infty, +\infty)$.

例 11-20 求幂级数 $\sum_{n=0}^{\infty} n! x^n$ 的收敛半径.

解 因为 $\rho = \lim_{n\to\infty}\left|\dfrac{a_{n+1}}{a_n}\right| = \lim_{n\to\infty}\dfrac{(n+1)!}{n!} = +\infty$，所以收敛半径为 $R=0$，即级数仅在 $x=0$ 处

收敛.

例 11-21 求幂级数 $\sum_{n=0}^{\infty}\dfrac{(2n)!}{(n!)^2}x^{2n}$ 的收敛半径.

解 级数缺少奇次幂的项，定理 11-13 不能用，可根据比值审敛法来求收敛半径.

幂级数的一般项记为 $u_n(x)=\dfrac{(2n)!}{(n!)^2}x^{2n}$. 因为 $\lim\limits_{n\to\infty}\left|\dfrac{u_{n+1}(x)}{u_n(x)}\right|=4|x|^2$，当 $4|x|^2<1$ 即 $|x|<\dfrac{1}{2}$ 时级数收敛；当 $4|x|^2>1$ 即 $|x|>\dfrac{1}{2}$ 时级数发散，所以收敛半径为 $R=\dfrac{1}{2}$.

例 11-22 求幂级数 $\sum_{n=1}^{\infty}\dfrac{(x-1)^n}{2^n n}$ 的收敛域.

解 令 $t=x-1$，上述级数变为 $\sum_{n=1}^{\infty}\dfrac{t^n}{2^n n}$. 因为 $\rho=\lim\limits_{n\to\infty}\left|\dfrac{a_{n+1}}{a_n}\right|=\dfrac{2^n\cdot n}{2^{n+1}\cdot(n+1)}=\dfrac{1}{2}$，所以 $\sum_{n=1}^{\infty}\dfrac{t^n}{2^n n}$ 收敛半径 $R=2$. 当 $t=2$ 时，级数 $\sum_{n=1}^{\infty}\dfrac{t^n}{2^n n}$ 成为 $\sum_{n=1}^{\infty}\dfrac{1}{n}$，此级数发散；当 $t=-2$ 时，级数 $\sum_{n=1}^{\infty}\dfrac{t^n}{2^n n}$ 成为 $\sum_{n=1}^{\infty}\dfrac{(-1)^n}{n}$，此级数收敛. 因此，级数 $\sum_{n=1}^{\infty}\dfrac{t^n}{2^n n}$ 的收敛域为 $-2\leq t<2$. 因为 $-2\leq x-1<2$，即 $-1\leq x<3$，所以原级数的收敛域为 $[-1, 3)$.

11.3.3 幂级数的运算

性质 11-1 设幂级数 $\sum_{n=0}^{\infty}a_n x^n$ 及 $\sum_{n=0}^{\infty}b_n x^n$ 分别在区间 $(-R, R)$ 及 $(-R', R')$ 内收敛，则在 $(-R, R)$ 与 $(-R', R')$ 中较小的区间内有

(1) $\sum_{n=0}^{\infty}a_n x^n \pm \sum_{n=0}^{\infty}b_n x^n = \sum_{n=0}^{\infty}(a_n \pm b_n)x^n$，

(2) $\left(\sum_{n=0}^{\infty}a_n x^n\right)\cdot\left(\sum_{n=0}^{\infty}b_n x^n\right)=\sum_{n=0}^{\infty}c_n x^n$，$c_n=\sum_{k=0}^{n}a_k b_{n-k}$.

性质 11-2 幂级数 $\sum_{n=0}^{\infty}a_n x^n$ 的和函数 $s(x)$ 在其收敛域 I 上连续.

性质 11-3 幂级数 $\sum_{n=0}^{\infty}a_n x^n$ 的和函数 $s(x)$ 在其收敛域 I 上可积，并且有逐项积分公式

$$\int_0^x s(x)\mathrm{d}x=\int_0^x\left(\sum_{n=0}^{\infty}a_n x^n\right)\mathrm{d}x=\sum_{n=0}^{\infty}\int_0^x a_n x^n\mathrm{d}x=\sum_{n=0}^{\infty}\dfrac{a_n}{n+1}x^{n+1}\ (x\in I),$$

逐项积分后所得到的幂级数和原级数有相同的收敛半径.

性质 11-4 幂级数 $\sum_{n=0}^{\infty}a_n x^n$ 的和函数 $s(x)$ 在其收敛区间 $(-R, R)$ 内可导，并且有逐项求导公式

$$s'(x) = \left(\sum_{n=0}^{\infty} a_n x^n\right)' = \sum_{n=0}^{\infty} (a_n x^n)' = \sum_{n=1}^{\infty} n a_n x^{n-1} \ (|x|<R),$$

逐项求导后所得到的幂级数和原级数有相同的收敛半径.

例 11–23 求幂级数 $\sum_{n=0}^{\infty} \dfrac{1}{n+1} x^n$ 的和函数，并求数项级数 $\sum_{n=0}^{\infty} \dfrac{(-1)^n}{n+1}$ 的和.

解 求得幂级数的收敛域为 $[-1, 1)$. 设和函数 $s(x) = \sum_{n=0}^{\infty} \dfrac{1}{n+1} x^n$，$x \in [-1, 1)$. 显然 $s(0) = 1$.

在 $xs(x) = \sum_{n=0}^{\infty} \dfrac{1}{n+1} x^{n+1}$ 的两边求导得 $[xs(x)]' = \sum_{n=0}^{\infty} \left(\dfrac{1}{n+1} x^{n+1}\right)' = \sum_{n=0}^{\infty} x^n = \dfrac{1}{1-x}$，

对上式从 0 到 x 积分，得 $xs(x) = \int_0^x \dfrac{1}{1-x} \mathrm{d}x = -\ln(1-x)$，于是，当 $x \neq 0$ 时，有 $s(x) = -\dfrac{1}{x} \ln(1-x)$. 从而 $s(x) = \begin{cases} -\dfrac{1}{x} \ln(1-x) & 0 < |x| < 1 \\ 1 & x = 0 \end{cases}$.

由和函数在收敛域上的连续性，$s(-1) = \lim\limits_{x \to -1^+} s(x) = \ln 2$.

综上，$s(x) = \begin{cases} -\dfrac{1}{x} \ln(1-x) & x \in [-1, 0) \cup (0, 1) \\ 1 & x = 0 \end{cases}$.

因此，$\sum_{n=0}^{\infty} \dfrac{(-1)^n}{n+1} = s(-1) = \ln 2$.

在求幂级数和函数的时候，可以通过对级数进行逐项求导、逐项积分、代数变形等方法将其转化为已知和函数的级数（如 $\sum_{n=0}^{\infty} x^n = \dfrac{1}{1-x}, |x| < 1$）来求和.

11.4 函数展开成幂级数

由于大部分的初等函数无法直接计算函数值，这使得它们的应用受到了很大的限制. 本节要解决的问题是：给定函数 $f(x)$，是否能找到这样一个幂级数，它在某区间内收敛，且其和恰好就是给定的函数 $f(x)$. 如果能找到这样的幂级数，就说函数 $f(x)$ 在该区间内能展开成幂级数. 而该幂级数在收敛区间内就是函数 $f(x)$ 的精确表示，从而为函数的应用开辟了新的途径.

11.4.1 泰勒级数

上册学了泰勒中值定理，如果 $f(x)$ 在点 x_0 的某邻域内具有 $(n+1)$ 阶导数，则在该邻域内 $f(x)$ 可展成 n 阶泰勒多项式与余项之和：

$$f(x) = f(x_0) + f'(x_0)(x - x_0) + \dfrac{f''(x_0)}{2!}(x - x_0)^2 + \cdots + \dfrac{f^{(n)}(x_0)}{n!}(x - x_0)^n + R_n(x),$$

其中，余项 $R_n(x) = \dfrac{f^{(n+1)}(\xi)}{(n+1)!}(x-x_0)^{n+1}$（$\xi$ 介于 x 与 x_0 之间）或 $R_n(x) = o(x-x_0)^n$.

泰勒多项式可作为复杂函数的局部近似替代，阶数越高，用泰勒多项式逼近的效果越好. 如果 $f(x)$ 在点 x_0 的某邻域内具有各阶导数 $f'(x), f''(x), \cdots, f^{(n)}(x), \cdots$，当阶数 n 无限增大时，泰勒多项式 $p_n(x) = f(x_0) + f'(x_0)(x-x_0) + \dfrac{f''(x_0)}{2!}(x-x_0)^2 + \cdots + \dfrac{f^{(n)}(x_0)}{n!}(x-x_0)^n$ 就形成一个幂级数.

泰勒级数 如果 $f(x)$ 在点 x_0 的某邻域内具有任意阶导数，称由 $f(x)$ 的各阶导数产生的幂级数 $f(x_0) + f'(x_0)(x-x_0) + \dfrac{f''(x_0)}{2!}(x-x_0)^2 + \dfrac{f'''(x_0)}{3!}(x-x_0)^3 + \cdots + \dfrac{f^{(n)}(x_0)}{n!}(x-x_0)^n + \cdots$ 为函数 $f(x)$ 的泰勒级数. 当 $x_0 = 0$ 时，泰勒级数又称为麦克劳林级数.

泰勒级数是泰勒多项式从有限项到无限项的推广. 它带来了两个问题：一个是该级数在什么条件下收敛？二是若收敛，是否收敛于 $f(x)$ 本身？

定理 11-14 （**泰勒可展定理**） 设函数 $f(x)$ 在点 x_0 的某一邻域 $U(x_0)$ 内具有各阶导数，则 $f(x)$ 在该邻域内能展开成泰勒级数的充分必要条件是 $f(x)$ 的泰勒公式中的余项 $R_n(x)$ 当 $n\to\infty$ 时在 $U(x_0)$ 内点点收敛于 0，即 $\lim\limits_{n\to\infty} R_n(x) = 0 \;(x\in U(x_0))$.

证 先证必要性. 设 $f(x)$ 在 $U(x_0)$ 内能展开为泰勒级数，即
$$f(x) = f(x_0) + f'(x_0)(x-x_0) + \dfrac{f''(x_0)}{2!}(x-x_0)^2 + \cdots + \dfrac{f^{(n)}(x_0)}{n!}(x-x_0)^n + \cdots,$$
又设 $s_{n+1}(x)$ 是 $f(x)$ 的泰勒级数的前 $n+1$ 项的和，则在 $U(x_0)$ 内 $s_{n+1}(x) \to f(x)(n\to\infty)$.

而 $f(x)$ 的 n 阶泰勒公式可写成 $f(x) = s_{n+1}(x) + R_n(x)$，于是 $R_n(x) = f(x) - s_{n+1}(x) \to 0(n\to\infty)$.

再证充分性. 设 $R_n(x) \to 0(n\to\infty)$ 对一切 $x\in U(x_0)$ 成立，因为 $f(x)$ 的 n 阶泰勒公式可写成 $f(x) = s_{n+1}(x) + R_n(x)$，于是 $s_{n+1}(x) = f(x) - R_n(x) \to f(x)$，即 $f(x)$ 的泰勒级数在 $U(x_0)$ 内收敛，并且收敛于 $f(x)$.

定理表明，当 $\lim\limits_{n\to\infty} R_n(x) = 0 \;(x\in U(x_0))$ 时，由函数 $f(x)$ 产生的泰勒级数就是 $f(x)$ 的精确表达式. 同样地，当 $x_0 = 0$，$\lim\limits_{n\to\infty} R_n(x) = 0 \;(x\in U(0))$ 时，麦克劳林级数收敛于 $f(x)$，即
$$f(x) = f(0) + f'(0)x + \dfrac{f''(0)}{2!}x^2 + \cdots + \dfrac{f^{(n)}(0)}{n!}x^n + \cdots.$$

利用幂级数的分析性质可以证明：如果 $f(x)$ 能展开成 x 的幂级数，那么这种展式是唯一的. 这是因为，如果 $f(x)$ 在点 $x_0 = 0$ 的某邻域 $(-R, R)$ 内能展开成 x 的幂级数，即
$$f(x) = a_0 + a_1 x + a_2 x^2 + \cdots + a_n x^n + \cdots,$$
那么根据幂级数在收敛区间内可以逐项求导，有
$$f'(x) = a_1 + 2a_2 x + 3a_3 x^2 + \cdots + na_n x^{n-1} + \cdots,$$
$$f''(x) = 2!a_2 + 3\times 2a_3 x + \cdots + n(n-1)a_n x^{n-2} + \cdots,$$
$$f'''(x) = 3!a_3 + \cdots + n(n-1)(n-2)a_n x^{n-3} + \cdots,$$
$$\vdots$$

$$f^{(n)}(x) = n!a_n + (n+1)n(n-1)\cdots 2a_{n+1}x + \cdots,$$

于是得 $\quad a_0 = f(0), \quad a_1 = f'(0), \quad a_2 = \dfrac{f''(0)}{2!}, \quad \cdots, \quad a_n = \dfrac{f^{(n)}(0)}{n!}, \quad \cdots.$

因此，如果 $f(x)$ 能展开成 x 的幂级数，那么这个幂级数就是 $f(x)$ 的麦克劳林级数.

11.4.2 函数展开成幂级数

1. 直接展开法

根据泰勒可展定理，将函数展开成幂级数的步骤为：

第一步　求出 $f(x)$ 的各阶导数：$f'(x), f''(x), \cdots, f^{(n)}(x), \cdots$.

第二步　求函数及其各阶导数在 $x=0$ 处的值：$f(0), f'(0), f''(0), \cdots, f^{(n)}(0), \cdots$.

第三步　写出幂级数 $f(0) + f'(0)x + \dfrac{f''(0)}{2!}x^2 + \cdots + \dfrac{f^{(n)}(0)}{n!}x^n + \cdots$，并求出收敛半径 R.

第四步　考察在区间 $(-R, R)$ 内 $\lim\limits_{n\to\infty} R_n(x) = \lim\limits_{n\to\infty} \dfrac{f^{(n+1)}(\xi)}{(n+1)!}x^{n+1}$ 是否为零. 如果 $R_n(x) \to 0 (n \to \infty)$，则 $f(x)$ 在 $(-R, R)$ 内有展开式

$$f(x) = f(0) + f'(0)x + \frac{f''(0)}{2!}x^2 + \cdots + \frac{f^{(n)}(0)}{n!}x^n + \cdots \quad (-R < x < R).$$

例 11-24　将函数 $f(x) = e^x$ 展开成 x 的幂级数.

解　$f^{(n)}(x) = e^x (n=1, 2, \cdots)$，因此，$f^{(n)}(0) = 1 (n=1, 2, \cdots)$. 于是得级数

$$1 + x + \frac{1}{2!}x^2 + \cdots + \frac{1}{n!}x^n + \cdots,$$ 它的收敛半径为 $R = +\infty$，收敛域为 $(-\infty, +\infty)$.

对任给的 x，存在 ξ（ξ 介于 0 与 x 之间）使得 $|R_n(x)| = \left|\dfrac{e^\xi}{(n+1)!}x^{n+1}\right| < e^{|x|} \cdot \dfrac{|x|^{n+1}}{(n+1)!}$，

而 $\lim\limits_{n\to\infty}\dfrac{|x|^{n+1}}{(n+1)!} = 0$，所以 $\lim\limits_{n\to\infty}|R_n(x)| = 0$，从而有展开式

$$e^x = 1 + x + \frac{1}{2!}x^2 + \cdots + \frac{1}{n!}x^n + \cdots \quad (-\infty < x < +\infty).$$

例 11-25　将函数 $f(x) = \sin x$ 展开成 x 的幂级数.

解　因为 $f^{(n)}(x) = \sin\left(x + n \cdot \dfrac{\pi}{2}\right) (n=1, 2, \cdots)$，所以 $f^{(n)}(0)$ 顺序循环地取 $0, 1, 0, -1, \cdots$ ($n=0, 1, 2, 3, \cdots$)，于是得幂级数 $x - \dfrac{x^3}{3!} + \dfrac{x^5}{5!} - \cdots + (-1)^{n-1}\dfrac{x^{2n-1}}{(2n-1)!} + \cdots$，该级数的收敛半径为 $R = +\infty$，收敛域为 $(-\infty, +\infty)$.

对任给的 x，存在 ξ（ξ 介于 0 与 x 之间）使得

$$|R_n(x)| = \left|\frac{\sin\left[\xi + \dfrac{(n+1)\pi}{2}\right]}{(n+1)!}x^{n+1}\right| \leq \frac{|x|^{n+1}}{(n+1)!} \to 0 \ (n \to \infty).$$

因此，得展开式 $\sin x = x - \dfrac{x^3}{3!} + \dfrac{x^5}{5!} - \cdots + (-1)^{n-1}\dfrac{x^{2n-1}}{(2n-1)!} + \cdots \quad (-\infty < x < +\infty)$.

例 11-26 将函数 $f(x)=(1+x)^m$ 展开成 x 的幂级数，其中 m 为任意常数.

解 $f(x)$ 的各阶导数为 $f'(x) = m(1+x)^{m-1}$, $f''(x) = m(m-1)(1+x)^{m-2}$, $\cdots$, $f^{(n)}(x) = m(m-1)(m-2)\cdots(m-n+1)(1+x)^{m-n}$, $\cdots$. 所以

$$f(0) = 1, f'(0) = m, f''(0) = m(m-1), \cdots, f^{(n)}(0) = m(m-1)(m-2)\cdots(m-n+1), \cdots,$$

于是，得幂级数 $1 + mx + \dfrac{m(m-1)}{2!}x^2 + \cdots + \dfrac{m(m-1)\cdots(m-n+1)}{n!}x^n + \cdots$.

可以证明 $(1+x)^m = 1 + mx + \dfrac{m(m-1)}{2!}x^2 + \cdots + \dfrac{m(m-1)\cdots(m-n+1)}{n!}x^n + \cdots \quad (-1 < x < 1)$.

2. 间接展开法

利用已知函数的展式和幂级数的性质，将函数展开成幂级数.

例 11-27 将函数 $f(x)=\cos x$ 展开成 x 的幂级数.

解 已知 $\sin x = x - \dfrac{x^3}{3!} + \dfrac{x^5}{5!} - \cdots + (-1)^{n-1}\dfrac{x^{2n-1}}{(2n-1)!} + \cdots \quad (-\infty < x < +\infty)$.

对上式两边求导得 $\cos x = 1 - \dfrac{x^2}{2!} + \dfrac{x^4}{4!} - \cdots + (-1)^n\dfrac{x^{2n}}{(2n)!} + \cdots \quad (-\infty < x < +\infty)$.

例 11-28 将函数 $f(x) = \dfrac{1}{1+x^2}$ 展开成 x 的幂级数.

解 因为 $\dfrac{1}{1-x} = 1 + x + x^2 + \cdots + x^n + \cdots \quad (-1 < x < 1)$，把 x 换成 $-x^2$，得

$$\dfrac{1}{1+x^2} = 1 - x^2 + x^4 - \cdots + (-1)^n x^{2n} + \cdots \quad (-1 < x < 1).$$

例 11-29 将函数 $f(x) = \ln(1+x)$ 展开成 x 的幂级数.

解 因为 $f'(x) = \dfrac{1}{1+x}$，$\dfrac{1}{1+x} = 1 - x + x^2 - x^3 + \cdots + (-1)^n x^n + \cdots \quad (-1 < x < 1)$.

将上式从 0 到 x 逐项积分，得

$$\ln(1+x) = x - \dfrac{x^2}{2} + \dfrac{x^3}{3} - \dfrac{x^4}{4} + \cdots + (-1)^n \dfrac{x^{n+1}}{n+1} + \cdots \quad (-1 < x < 1).$$

上式右端的幂级数在 $x = 1$ 时收敛，根据和函数的连续性，$S(1) = \lim\limits_{x \to 1^-} \ln(1+x) = \ln 2$.

因此， $\ln(1+x) = x - \dfrac{x^2}{2} + \dfrac{x^3}{3} - \dfrac{x^4}{4} + \cdots + (-1)^n \dfrac{x^{n+1}}{n+1} + \cdots \quad (-1 < x \leqslant 1)$.

例 11-30 将函数 $f(x) = \sin x$ 展开成 $\left(x - \dfrac{\pi}{4}\right)$ 的幂级数.

解 因为 $\sin x = \sin\left[\dfrac{\pi}{4} + \left(x - \dfrac{\pi}{4}\right)\right] = \dfrac{\sqrt{2}}{2}\left[\cos\left(x - \dfrac{\pi}{4}\right) + \sin\left(x - \dfrac{\pi}{4}\right)\right]$，并且有

$$\cos\left(x-\frac{\pi}{4}\right)=1-\frac{1}{2!}\left(x-\frac{\pi}{4}\right)^2+\frac{1}{4!}\left(x-\frac{\pi}{4}\right)^4-\cdots\ (-\infty<x<+\infty),$$

$$\sin\left(x-\frac{\pi}{4}\right)=\left(x-\frac{\pi}{4}\right)-\frac{1}{3!}\left(x-\frac{\pi}{4}\right)^3+\frac{1}{5!}\left(x-\frac{\pi}{4}\right)^5-\cdots\ (-\infty<x<+\infty),$$

所以 $\sin x=\dfrac{\sqrt{2}}{2}\left[1+\left(x-\dfrac{\pi}{4}\right)-\dfrac{1}{2!}\left(x-\dfrac{\pi}{4}\right)^2-\dfrac{1}{3!}\left(x-\dfrac{\pi}{4}\right)^3+\cdots\right]\ (-\infty<x<+\infty).$

例 11-31 将函数 $f(x)=\dfrac{1}{x^2+4x+3}$ 展开成 $(x-1)$ 的幂级数.

解 $f(x)=\dfrac{1}{x^2+4x+3}=\dfrac{1}{(x+1)(x+3)}=\dfrac{1}{2(1+x)}-\dfrac{1}{2(3+x)}=\dfrac{1}{4\left(1+\dfrac{x-1}{2}\right)}-\dfrac{1}{8\left(1+\dfrac{x-1}{4}\right)}$

$$=\frac{1}{4}\sum_{n=0}^{\infty}(-1)^n\frac{(x-1)^n}{2^n}-\frac{1}{8}\sum_{n=0}^{\infty}(-1)^n\frac{(x-1)^n}{4^n}$$

$$=\sum_{n=0}^{\infty}(-1)^n\left(\frac{1}{2^{n+2}}-\frac{1}{2^{2n+3}}\right)(x-1)^n\ (-1<x<3).$$

以下为收敛域的求法：

$$\frac{1}{1+\dfrac{x-1}{2}}=\sum_{n=0}^{\infty}(-1)^n\frac{(x-1)^n}{2^n}\ \left(-1<\frac{x-1}{2}<1\right),$$

$$\frac{1}{1+\dfrac{x-1}{4}}=\sum_{n=0}^{\infty}(-1)^n\frac{(x-1)^n}{4^n}\ \left(-1<\frac{x-1}{4}<1\right),$$

收敛域的确定：由 $-1<\dfrac{x-1}{2}<1$ 和 $-1<\dfrac{x-1}{4}<1$ 得 $-1<x<3$.

从以上例子可以看出，间接展开法以常见的展开公式，如

$$\frac{1}{1-x}=1+x+x^2+\cdots+x^n+\cdots\ (-1<x<1),$$

$$\mathrm{e}^x=1+x+\frac{1}{2!}x^2+\cdots+\frac{1}{n!}x^n+\cdots\ (-\infty<x<+\infty),$$

$$\sin x=x-\frac{x^3}{3!}+\frac{x^5}{5!}-\cdots+(-1)^{n-1}\frac{x^{2n-1}}{(2n-1)!}+\cdots\ (-\infty<x<+\infty),$$

$$\cos x=1-\frac{x^2}{2!}+\frac{x^4}{4!}-\cdots+(-1)^n\frac{x^{2n}}{(2n)!}+\cdots\ (-\infty<x<+\infty),$$

$$\ln(1+x)=x-\frac{x^2}{2}+\frac{x^3}{3}-\frac{x^4}{4}+\cdots+(-1)^n\frac{x^{n+1}}{n+1}+\cdots\ (-1<x\leqslant 1),$$

$$(1+x)^m=1+mx+\frac{m(m-1)}{2!}x^2+\cdots+\frac{m(m-1)\cdots(m-n+1)}{n!}x^n+\cdots\ (-1<x<1).$$

为参照，将目标函数通过求导、积分、变量替换、代数变形等运算建立起与参照公式的关系，再利用这些参照公式得到目标函数的展式.

11.4.3 函数的幂级数展开式的应用

1. 近似计算

例 11-32 计算 $\sqrt[5]{240}$ 的近似值（误差不超过 10^{-4}）.

解 因为 $\sqrt[5]{240} = \sqrt[5]{243-3} = 3\left(1 - \dfrac{1}{3^4}\right)^{1/5}$，所以在二项展开式中取 $m = \dfrac{1}{5}$，$x = -\dfrac{1}{3^4}$，即得

$$\sqrt[5]{240} = 3\left(1 - \dfrac{1}{5} \times \dfrac{1}{3^4} - \dfrac{1 \times 4}{5^2 \times 2!} \times \dfrac{1}{3^8} - \dfrac{1 \times 4 \times 9}{5^3 \times 3!} \times \dfrac{1}{3^{12}} - \cdots\right).$$

这个级数收敛很快. 取前两项的和作为 $\sqrt[5]{240}$ 的近似值，其误差（也叫作截断误差）为

$$|r_2| = 3\left(\dfrac{1 \times 4}{5^2 \times 2!} \times \dfrac{1}{3^8} + \dfrac{1 \times 4 \times 9}{5^3 \times 3!} \times \dfrac{1}{3^{12}} + \dfrac{1 \times 4 \times 9 \times 14}{5^4 \times 4!} \times \dfrac{1}{3^{16}} + \cdots\right)$$

$$< 3 \times \dfrac{1 \times 4}{5^2 \times 2!} \times \dfrac{1}{3^8}\left[1 + \dfrac{1}{81} + \left(\dfrac{1}{81}\right)^2 + \cdots\right] = \dfrac{6}{25} \times \dfrac{1}{3^8} \times \dfrac{1}{1 - \dfrac{1}{81}} = \dfrac{1}{25 \times 27 \times 40} < \dfrac{1}{20\,000}.$$

于是取近似式为 $\sqrt[5]{240} \approx 3\left(1 - \dfrac{1}{5} \times \dfrac{1}{3^4}\right)$，为了使"四舍五入"引起的误差（叫作舍入误差）与截断误差之和不超过 10^{-4}，计算时应取 5 位小数，然后四舍五入. 因此，最后得 $\sqrt[5]{240} \approx 2.9926$.

例 11-33 计算定积分 $\dfrac{2}{\sqrt{\pi}} \int_0^{1/2} e^{-x^2} dx$ 的近似值，要求误差不超过 0.0001（取 $\dfrac{1}{\sqrt{\pi}} \approx 0.56419$）.

解 将 e^x 的幂级数展开式中的 x 换成 $-x^2$，得到被积函数的幂级数展开式

$$e^{-x^2} = 1 + \dfrac{(-x^2)}{1!} + \dfrac{(-x^2)^2}{2!} + \dfrac{(-x^2)^3}{3!} + \cdots = \sum_{n=0}^{\infty}(-1)^n \dfrac{x^{2n}}{n!} \quad (-\infty < x < +\infty).$$

于是，根据幂级数在收敛区间内逐项可积，得

$$\dfrac{2}{\sqrt{\pi}}\int_0^{1/2} e^{-x^2} dx = \dfrac{2}{\sqrt{\pi}}\int_0^{1/2}\left[\sum_{n=0}^{\infty}(-1)^n \dfrac{x^{2n}}{n!}\right]dx = \dfrac{2}{\sqrt{\pi}}\sum_{n=0}^{\infty}\dfrac{(-1)^n}{n!}\int_0^{1/2} x^{2n} dx$$

$$= \dfrac{1}{\sqrt{\pi}}\left(1 - \dfrac{1}{2^2 \times 3} + \dfrac{1}{2^4 \times 5 \times 2!} - \dfrac{1}{2^6 \times 7 \times 3!} + \cdots\right).$$

取前四项的和作为近似值，其误差为 $|r_4| \leq \dfrac{1}{\sqrt{\pi}} \dfrac{1}{2^8 \times 9 \times 4!} < \dfrac{1}{90\,000}$，所以

$$\dfrac{2}{\sqrt{\pi}}\int_0^{1/2} e^{-x^2} dx \approx \dfrac{1}{\sqrt{\pi}}\left(1 - \dfrac{1}{2^2 \times 3} + \dfrac{1}{2^4 \times 5 \times 2!} - \dfrac{1}{2^6 \times 7 \times 3!}\right) \approx 0.5295.$$

2. 欧拉公式

复数项级数：设有复数项级数

$$(u_1 + iv_1) + (u_2 + iv_2) + \cdots + (u_n + iv_n) + \cdots,$$

其中 u_n, v_n ($n=1, 2, 3, \cdots$) 为实常数或实函数.

如果实部所成的级数 $u_1+u_2+\cdots+u_n+\cdots$ 收敛于和 u, 并且虚部所成的级数 $v_1+v_2+\cdots+v_n+\cdots$ 收敛于和 v, 就说复数项级数收敛且和为 $u+iv$.

绝对收敛：如果级数 $\sum\limits_{n=1}^{\infty}(u_n+iv_n)$ 的各项的模所构成的级数 $\sum\limits_{n=1}^{\infty}\sqrt{u_n^2+v_n^2}$ 收敛，则称级数 $\sum\limits_{n=1}^{\infty}(u_n+iv_n)$ 绝对收敛.

复变量指数函数：考察复数项级数 $1+z+\dfrac{1}{2!}z^2+\cdots+\dfrac{1}{n!}z^n+\cdots$.

可以证明此级数在复平面上是绝对收敛的，在 x 轴上它表示指数函数 e^x, 在复平面上用它来定义复变量指数函数，记为 e^z. 即 $e^z=1+z+\dfrac{1}{2!}z^2+\cdots+\dfrac{1}{n!}z^n+\cdots$.

欧拉公式：当 $x=0$ 时，$z=iy$, 于是

$$e^{iy}=1+iy+\frac{1}{2!}(iy)^2+\cdots+\frac{1}{n!}(iy)^n+\cdots=1+iy-\frac{1}{2!}y^2-i\frac{1}{3!}y^3+\frac{1}{4!}y^4+i\frac{1}{5!}y^5-\cdots$$

$$=\left(1-\frac{1}{2!}y^2+\frac{1}{4!}y^4-\cdots\right)+i\left(y-\frac{1}{3!}y^3+\frac{1}{5!}y^5-\cdots\right)=\cos y+i\sin y.$$

把 y 定成 x 得 $e^{ix}=\cos x+i\sin x$, 这就是欧拉公式.

复数的指数形式：复数 z 可以表示为 $z=r(\cos\theta+i\sin\theta)=re^{i\theta}$, 其中 $r=|z|$ 是 z 的模，$\theta=\arg z$ 是 z 的辐角.

三角函数与复变量指数函数之间的联系：

因为 $e^{ix}=\cos x+i\sin x$, $e^{-ix}=\cos x-i\sin x$, 所以 $e^{ix}+e^{-ix}=2\cos x$, $e^{ix}-e^{-ix}=2i\sin x$. 且有

$$\cos x=\frac{1}{2}(e^{ix}+e^{-ix}), \quad \sin x=\frac{1}{2i}(e^{ix}-e^{-ix}),$$

这两个式子也叫作欧拉公式.

复变量指数函数的性质：$e^{z_1+z_2}=e^{z_1}\cdot e^{z_2}$.

特殊地，有 $e^{x+iy}=e^x e^{iy}=e^x(\cos y+i\sin y)$.

11.5　傅里叶级数

自然界有许多周期现象. 例如，声波是由空气分子周期性振动产生的. 心脏的跳动、肺的呼吸运动、弹簧的简谐振动、交流电的电压等都属于周期现象. 简单的周期运动，如简谐振动，可用正弦函数 $y=A\sin(\omega x+\varphi)$ 来描述，其中 A 为振幅，φ 为初相角，ω 为角频率. 较为复杂的周期现象，如在电子信号处理技术中常见的方波 $u(t)=\begin{cases}-1 & -\pi\leqslant t<0 \\ 1 & 0\leqslant t<\pi\end{cases}$, 如图 11-5 所示，可用若干个不同频率的正弦函数的叠加来逼近，如图 11-6 所示.

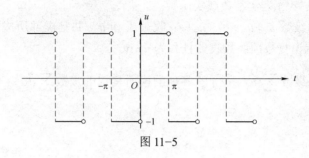

图 11-5

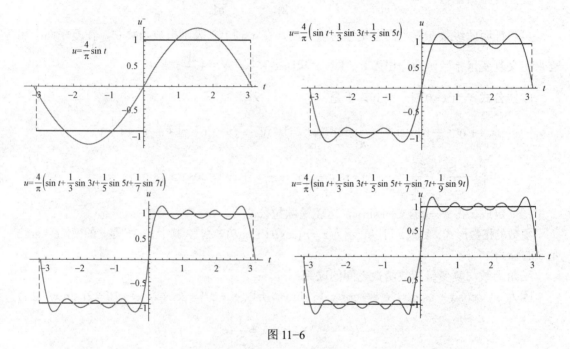

图 11-6

从图 11-6 可以看出，叠加的正弦波的个数越多，结果与方波就越接近．如果将叠加的过程不断进行下去，就形成了一个由不同频率的正弦函数构成的无穷级数

$$\frac{4}{\pi}\left(\sin t+\frac{1}{3}\sin 3t+\frac{1}{5}\sin 5t+\cdots\right).$$

为了表示更复杂的周期现象，需要考虑形如 $\frac{1}{2}a_0+\sum_{n=1}^{\infty}(a_n\cos nx+b_n\sin nx)$ 的由正弦、余弦函数构成的无穷级数，称为三角级数．对于三角级数，一是需要讨论它的收敛问题；二是对于给定的一个周期为 2π 的周期函数，应如何将其展开成三角级数，即三角级数中的系数 $a_0,a_n,b_n(n=1,2,\cdots)$ 应如何确定？

11.5.1 三角函数系的正交性

三角函数系：$1,\cos x,\sin x,\cos 2x,\sin 2x,\cdots,\cos nx,\sin nx,\cdots$

性质 11-1 三角函数系中任何两个不同的函数的乘积在区间 $[-\pi,\pi]$ 上的积分等于零：

$$\int_{-\pi}^{\pi} \cos nx \mathrm{d}x = 0 \quad (n=1, 2, \cdots),$$

$$\int_{-\pi}^{\pi} \sin nx \mathrm{d}x = 0 \quad (n=1, 2, \cdots),$$

$$\int_{-\pi}^{\pi} \sin kx \cos nx \mathrm{d}x = 0 \quad (k, n=1, 2, \cdots),$$

$$\int_{-\pi}^{\pi} \sin kx \sin nx \mathrm{d}x = 0 \quad (k, n=1, 2, \cdots, k \neq n),$$

$$\int_{-\pi}^{\pi} \cos kx \cos nx \mathrm{d}x = 0 \quad (k, n=1, 2, \cdots, k \neq n).$$

即三角函数系中任意两个不同的函数在区间$[-\pi, \pi]$上正交.

性质 11-2 三角函数系中任何一个函数的平方在区间$[-\pi, \pi]$上的积分都不等于零，即

$$\int_{-\pi}^{\pi} 1^2 \mathrm{d}x = 2\pi,$$

$$\int_{-\pi}^{\pi} \cos^2 nx \mathrm{d}x = \pi \quad (n=1, 2, \cdots),$$

$$\int_{-\pi}^{\pi} \sin^2 nx \mathrm{d}x = \pi \quad (n=1, 2, \cdots).$$

11.5.2 函数展开成傅里叶级数

问题：设$f(x)$是周期为2π的周期函数，且能展开成三角级数

$$f(x) = \frac{a_0}{2} + \sum_{k=1}^{\infty}(a_k \cos kx + b_k \sin kx).$$

那么系数$a_0, a_1, b_1, \cdots$与函数$f(x)$之间存在怎样的关系呢？

假定三角级数可逐项积分，则

$$\int_{-\pi}^{\pi} f(x)\cos nx \mathrm{d}x = \int_{-\pi}^{\pi}\frac{a_0}{2}\cos nx \mathrm{d}x + \sum_{k=1}^{\infty}\left[a_k\int_{-\pi}^{\pi}\cos kx \cos nx \mathrm{d}x + b_k\int_{-\pi}^{\pi}\sin kx \cos nx \mathrm{d}x\right] = a_n \pi.$$

类似地，$\int_{-\pi}^{\pi} f(x)\sin nx \mathrm{d}x = b_n \pi$. 因此，

$$a_0 = \frac{1}{\pi}\int_{-\pi}^{\pi} f(x)\mathrm{d}x,$$

$$a_n = \frac{1}{\pi}\int_{-\pi}^{\pi} f(x)\cos nx \mathrm{d}x \quad (n=1, 2, \cdots),$$

$$b_n = \frac{1}{\pi}\int_{-\pi}^{\pi} f(x)\sin nx \mathrm{d}x \quad (n=1, 2, \cdots).$$

以上系数$a_0, a_1, b_1, \cdots$称为函数$f(x)$的傅里叶系数.

傅里叶级数：三角级数$\frac{a_0}{2} + \sum_{n=1}^{\infty}(a_n \cos nx + b_n \sin nx)$称为$f(x)$的傅里叶级数，其中$a_0, a_1, b_1, \cdots$是$f(x)$的傅里叶系数，即

$$a_n = \frac{1}{\pi}\int_{-\pi}^{\pi} f(x)\cos nx \mathrm{d}x \quad (n=0, 1, 2, \cdots),$$

$$b_n = \frac{1}{\pi}\int_{-\pi}^{\pi} f(x)\sin nx \mathrm{d}x \quad (n=1, 2, \cdots).$$

问题：一个定义在 $(-\infty, +\infty)$ 上周期为 2π 的函数 $f(x)$，如果它在一个周期上可积，则一定可以作出 $f(x)$ 的傅里叶级数. 然而，函数 $f(x)$ 的傅里叶级数是否一定收敛？如果收敛，它是否一定收敛于函数 $f(x)$？

定理 11-15（收敛定理，狄利克雷充分条件） 设 $f(x)$ 是周期为 2π 的周期函数，如果它满足：在一个周期内连续或只有有限个第一类间断点，并且在一个周期内至多只有有限个极值点，则 $f(x)$ 的傅里叶级数收敛，并且

当 x 是 $f(x)$ 的连续点时，级数收敛于 $f(x)$；

当 x 是 $f(x)$ 的间断点时，级数收敛于 $\dfrac{1}{2}[f(x-0)+f(x+0)]$.

例 11-34 设 $f(x)$ 是周期为 2π 的周期函数，它在 $[-\pi, \pi)$ 上的表达式为

$$f(x) = \begin{cases} -1 & -\pi \leqslant x < 0 \\ 1 & 0 \leqslant x < \pi \end{cases}, \text{试将 } f(x) \text{ 展开成傅里叶级数.}$$

解 所给函数满足收敛定理的条件，它在点 $x = k\pi$ ($k = 0, \pm1, \pm2, \cdots$) 处不连续，在其他点处连续，从而由收敛定理知道 $f(x)$ 的傅里叶级数收敛，并且当 $x = k\pi$ 时收敛于

$$\frac{1}{2}[f(x-0)+f(x+0)] = \frac{1}{2}(-1+1) = 0,$$

当 $x \neq k\pi$ 时级数收敛于 $f(x)$.

傅里叶系数计算如下

$$a_n = \frac{1}{\pi}\int_{-\pi}^{\pi} f(x)\cos nx \, dx = \frac{1}{\pi}\int_{-\pi}^{0} (-1)\cos nx \, dx + \frac{1}{\pi}\int_{0}^{\pi} 1 \cdot \cos nx \, dx = 0 \quad (n = 0, 1, 2, \cdots),$$

$$b_n = \frac{1}{\pi}\int_{-\pi}^{\pi} f(x)\sin nx \, dx = \frac{1}{\pi}\int_{-\pi}^{0} (-1)\sin nx \, dx + \frac{1}{\pi}\int_{0}^{\pi} 1 \cdot \sin nx \, dx$$

$$= \frac{1}{\pi}\left[\frac{\cos nx}{n}\right]_{-\pi}^{0} + \frac{1}{\pi}\left[-\frac{\cos nx}{n}\right]_{0}^{\pi} = \frac{1}{n\pi}[1 - \cos n\pi - \cos n\pi + 1]$$

$$= \frac{2}{n\pi}[1-(-1)^n] = \begin{cases} \dfrac{4}{n\pi} & n = 1, 3, 5, \cdots \\ 0 & n = 2, 4, 6, \cdots \end{cases}.$$

于是 $f(x)$ 的傅里叶级数展开式为

$$f(x) = \frac{4}{\pi}\left[\sin x + \frac{1}{3}\sin 3x + \cdots + \frac{1}{2k-1}\sin(2k-1)x + \cdots\right] \quad (-\infty < x < +\infty; \ x \neq 0, \pm\pi, \pm 2\pi, \cdots).$$

由例 11-34 可以看出，当 $f(x)$ 为奇函数时，$f(x)\cos nx$ 是奇函数，$f(x)\sin nx$ 是偶函数，故傅里叶系数为

$$a_n = 0 \quad (n = 0, 1, 2, \cdots),$$

$$b_n = \frac{2}{\pi}\int_{0}^{\pi} f(x)\sin nx \, dx \quad (n = 1, 2, 3, \cdots).$$

因此，奇函数的傅里叶级数是只含有正弦项的正弦级数 $\sum\limits_{n=1}^{\infty} b_n \sin nx$.

同理，当$f(x)$为偶函数时，$f(x)\cos nx$是偶函数，$f(x)\sin nx$是奇函数，故傅里叶系数为

$$a_n = \frac{2}{\pi}\int_0^\pi f(x)\cos nx \mathrm{d}x \quad (n=0,1,2,3,\cdots),$$
$$b_n = 0 \quad (n=1,2,\cdots).$$

因此，偶函数的傅里叶级数是只含有余弦项的余弦级数$\frac{a_0}{2}+\sum_{n=1}^\infty a_n\cos nx$.

例 11-35 设$f(x)$是周期为2π的周期函数，它在$[-\pi,\pi)$上的表达式为$f(x)=\begin{cases}x & -\pi\leqslant x<0\\ 0 & 0\leqslant x<\pi\end{cases}$，试将$f(x)$展开成傅里叶级数.

解 所给函数满足收敛定理的条件，它在点$x=(2k+1)\pi \;(k=0,\pm 1,\pm 2,\cdots)$处不连续，因此，$f(x)$的傅里叶级数在$x=(2k+1)\pi$处收敛于$\frac{1}{2}[f(x-0)+f(x+0)]=\frac{1}{2}(0-\pi)=-\frac{\pi}{2}$.

在连续点$x\;(x\neq(2k+1)\pi)$处级数收敛于$f(x)$.

傅里叶系数计算如下：$a_0=\frac{1}{\pi}\int_{-\pi}^\pi f(x)\mathrm{d}x=\frac{1}{\pi}\int_{-\pi}^0 x\mathrm{d}x=-\frac{\pi}{2}$,

$$a_n=\frac{1}{\pi}\int_{-\pi}^\pi f(x)\cos nx\mathrm{d}x=\frac{1}{\pi}\int_{-\pi}^0 x\cos nx\mathrm{d}x=\frac{1}{\pi}\left[\frac{x\sin nx}{n}+\frac{\cos nx}{n^2}\right]_{-\pi}^0=\frac{1}{n^2\pi}(1-\cos n\pi)$$

$$=\begin{cases}\frac{2}{n^2\pi} & n=1,3,5,\cdots\\ 0 & n=2,4,6,\cdots\end{cases},$$

$$b_n=\frac{1}{\pi}\int_{-\pi}^\pi f(x)\sin nx\mathrm{d}x=\frac{1}{\pi}\int_{-\pi}^0 x\sin nx\mathrm{d}x=\frac{1}{\pi}\left[-\frac{x\cos nx}{n}+\frac{\sin nx}{n^2}\right]_{-\pi}^0=-\frac{\cos n\pi}{n}$$

$$=\frac{(-1)^{n+1}}{n} \quad (n=1,2,\cdots).$$

$f(x)$的傅里叶级数展开式为

$$f(x)=-\frac{\pi}{4}+\left(\frac{2}{\pi}\cos x+\sin x\right)-\frac{1}{2}\sin 2x+\left(\frac{2}{3^2\pi}\cos 3x+\frac{1}{3}\sin 3x\right)$$

$$-\frac{1}{4}\sin 4x+\left(\frac{2}{5^2\pi}\cos 5x+\frac{1}{5}\sin 5x\right)-\cdots(-\infty<x<+\infty;\;x\neq\pm\pi,\pm 3\pi,\cdots).$$

周期延拓：设$f(x)$只在$[-\pi,\pi]$上有定义，可以在$[-\pi,\pi)$或$(-\pi,\pi]$外补充函数$f(x)$的定义，使它拓广成周期为2π的周期函数$F(x)$，在$(-\pi,\pi)$内，$F(x)=f(x)$.

例 11-36 将函数$f(x)=\begin{cases}-x & -\pi\leqslant x<0\\ x & 0\leqslant x\leqslant\pi\end{cases}$展开成傅里叶级数.

解 当所给函数在区间$[-\pi,\pi]$上满足收敛定理的条件，并且拓广为周期函数（见图11-7）时，它在每一点x处都连续，因此，拓广的周期函数的傅里叶级数在$[-\pi,\pi]$上收敛于$f(x)$.

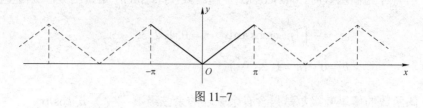

图 11-7

傅里叶系数为

$$a_0 = \frac{1}{\pi}\int_{-\pi}^{\pi} f(x)dx = \frac{1}{\pi}\int_{-\pi}^{0}(-x)dx + \frac{1}{\pi}\int_{0}^{\pi} xdx = \pi,$$

$$a_n = \frac{1}{\pi}\int_{-\pi}^{\pi} f(x)\cos nxdx = \frac{1}{\pi}\int_{-\pi}^{0}(-x)\cos nxdx + \frac{1}{\pi}\int_{0}^{\pi} x\cos nxdx$$

$$= \frac{2}{n^2\pi}(\cos n\pi - 1) = \begin{cases} -\dfrac{4}{n^2\pi} & n = 1,\ 3,\ 5,\ \cdots \\ 0 & n = 2,\ 4,\ 6,\ \cdots \end{cases},$$

$$b_n = \frac{1}{\pi}\int_{-\pi}^{\pi} f(x)\sin nxdx = \frac{1}{\pi}\int_{-\pi}^{0}(-x)\sin nxdx + \frac{1}{\pi}\int_{0}^{\pi} x\sin nxdx = 0\ (n=1,\ 2,\ \cdots).$$

于是 $f(x)$ 的傅里叶级数展开式为

$$f(x) = \frac{\pi}{2} - \frac{4}{\pi}\left(\cos x + \frac{1}{3^2}\cos 3x + \frac{1}{5^2}\cos 5x + \cdots\right)\ (-\pi \leqslant x \leqslant \pi).$$

奇延拓与偶延拓：设函数 $f(x)$ 定义在区间 $[0,\ \pi]$ 上并且满足收敛定理的条件，在开区间 $(-\pi,\ 0)$ 内补充函数 $f(x)$ 的定义，得到定义在 $(-\pi,\ \pi]$ 上的函数 $F(x)$，使它在 $(-\pi,\ \pi)$ 上成为奇函数（偶函数）. 按这种方式拓广函数定义域的过程称为奇延拓（偶延拓）. 限制在 $(0,\ \pi]$ 上，有 $F(x) = f(x)$.

例 11-37 将函数 $f(x) = x+1\ (0 \leqslant x \leqslant \pi)$ 分别展开成正弦级数和余弦级数.

解 先求正弦级数. 为此对函数 $f(x)$ 进行奇延拓. 定义奇函数

$$F(x) = \begin{cases} x-1 & -\pi \leqslant x < 0 \\ x+1 & 0 \leqslant x < \pi \end{cases},$$

并进行周期延拓，如图 11-8 所示.

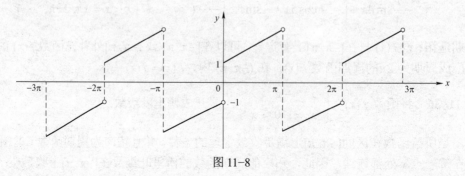

图 11-8

$$b_n = \frac{2}{\pi}\int_0^\pi f(x)\sin nx\,\mathrm{d}x = \frac{2}{\pi}\int_0^\pi (x+1)\sin nx\,\mathrm{d}x = \frac{2}{\pi}\left[-\frac{x\cos nx}{n} + \frac{\sin nx}{n^2} - \frac{\cos nx}{n}\right]_0^\pi$$

$$= \frac{2}{n\pi}(1 - \pi\cos n\pi - \cos n\pi) = \begin{cases} \dfrac{2}{\pi}\cdot\dfrac{\pi+2}{n} & n=1,\,3,\,5,\,\cdots \\ -\dfrac{2}{n} & n=2,\,4,\,6,\,\cdots \end{cases},$$

函数的正弦级数展开式为

$$x+1 = \frac{2}{\pi}\left[(\pi+2)\sin x - \frac{\pi}{2}\sin 2x + \frac{1}{3}(\pi+2)\sin 3x - \frac{\pi}{4}\sin 4x + \cdots\right]\quad (0<x<\pi).$$

在端点 $x=0$ 及 $x=\pi$ 处，级数的和显然为零，它不代表原来函数 $f(x)$ 的值．

再求余弦级数．为此对 $f(x)$ 进行偶延拓，定义偶函数

$$F(x) = \begin{cases} -x+1 & -\pi\leqslant x<0 \\ x+1 & 0\leqslant x<\pi \end{cases},$$

并进行周期延拓（见图 11-9）．

$$a_n = \frac{2}{\pi}\int_0^\pi f(x)\cos nx\,\mathrm{d}x = \frac{2}{\pi}\int_0^\pi (x+1)\cos nx\,\mathrm{d}x = \frac{2}{\pi}\left[\frac{x\sin nx}{n} + \frac{\cos nx}{n^2} - \frac{\sin nx}{n}\right]_0^\pi$$

$$= \frac{2}{n^2\pi}(\cos n\pi - 1) = \begin{cases} 0, & n=2,\,4,\,6,\,\cdots \\ -\dfrac{4}{n^2\pi}, & n=1,\,3,\,5,\,\cdots \end{cases},$$

$$a_0 = \frac{2}{\pi}\int_0^\pi (x+1)\mathrm{d}x = \frac{2}{\pi}\left[\frac{x^2}{2} + x\right]_0^\pi = \pi + 2,$$

函数的余弦级数展开式为

$$x+1 = \frac{\pi}{2} + 1 - \frac{4}{\pi}\left(\cos x + \frac{1}{3^2}\cos 3x + \frac{1}{5^2}\cos 5x + \cdots\right)\quad (0\leqslant x\leqslant \pi).$$

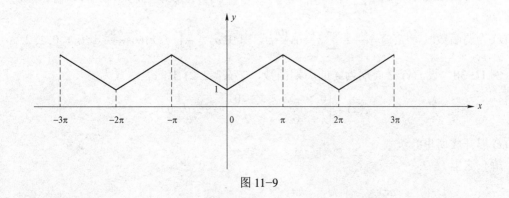

图 11-9

11.6　周期为 $2l$ 的周期函数的傅里叶级数

上文所讨论的周期函数都是以 2π 为周期的. 但是在实际问题中所遇到的周期函数,它的周期不一定是 2π. 怎样把周期为 $2l$ 的周期函数 $f(x)$ 展开成三角级数呢?

为此先把周期为 $2l$ 的周期函数 $f(x)$ 变换为周期为 2π 的周期函数.

令 $x = \dfrac{l}{\pi}t$ 及 $f(x) = f\left(\dfrac{l}{\pi}t\right) = F(t)$,则 $F(t)$ 是以 2π 为周期的函数. 这是因为

$$F(t+2\pi) = f\left[\dfrac{l}{\pi}(t+2\pi)\right] = f\left(\dfrac{l}{\pi}t + 2l\right) = f\left(\dfrac{l}{\pi}t\right) = F(t).$$

于是当 $F(t)$ 满足收敛定理的条件时,$F(t)$ 可展开成傅里叶级数

$$F(t) = \dfrac{a_0}{2} + \sum_{n=1}^{\infty}(a_n\cos nt + b_n\sin nt),$$

其中 $a_n = \dfrac{1}{\pi}\int_{-\pi}^{\pi}F(t)\cos nt\,\mathrm{d}t\ (n = 0, 1, 2, \cdots)$,$b_n = \dfrac{1}{\pi}\int_{-\pi}^{\pi}F(t)\sin nt\,\mathrm{d}t\ (n = 1, 2, \cdots)$.

从而有以下定理:

定理 11–16　设周期为 $2l$ 的周期函数 $f(x)$ 满足收敛定理的条件,则它的傅里叶级数展开式为

$$f(x) = \dfrac{a_0}{2} + \sum_{n=1}^{\infty}\left(a_n\cos\dfrac{n\pi x}{l} + b_n\sin\dfrac{n\pi x}{l}\right),$$

其中,系数 a_n、b_n 为

$$a_n = \dfrac{1}{l}\int_{-l}^{l}f(x)\cos\dfrac{n\pi x}{l}\mathrm{d}x\ (n = 0, 1, 2, \cdots),$$

$$b_n = \dfrac{1}{l}\int_{-l}^{l}f(x)\sin\dfrac{n\pi x}{l}\mathrm{d}x\ (n = 1, 2, \cdots),$$

当 $f(x)$ 为奇函数时,$f(x) = \sum\limits_{n=1}^{\infty}b_n\sin\dfrac{n\pi x}{l}$,其中 $b_n = \dfrac{2}{l}\int_{0}^{l}f(x)\sin\dfrac{n\pi x}{l}\mathrm{d}x\ (n = 1, 2, \cdots)$,

当 $f(x)$ 为偶函数时,$f(x) = \dfrac{a_0}{2} + \sum\limits_{n=1}^{\infty}a_n\cos\dfrac{n\pi x}{l}$,其中 $a_n = \dfrac{2}{l}\int_{0}^{l}f(x)\cos\dfrac{n\pi x}{l}\mathrm{d}x\ (n = 0, 1, 2, \cdots)$.

例 11–38　设 $f(x)$ 是周期为 4 的周期函数,它在 $[-2, 2)$ 上的表达式为

$$f(x) = \begin{cases} 0 & -2 \leqslant x < 0 \\ k & 0 \leqslant x < 2 \end{cases} \quad (\text{常数 } k \neq 0),$$

将 $f(x)$ 展开成傅里叶级数.

解　这里 $l = 2$.

$$a_n = \dfrac{1}{2}\int_{0}^{2}k\cos\dfrac{n\pi x}{2}\mathrm{d}x = \left[\dfrac{k}{n\pi}\sin\dfrac{n\pi x}{2}\right]_{0}^{2} = 0\ \ (n \neq 0),$$

$$a_0 = \frac{1}{2}\int_{-2}^{0} 0 \mathrm{d}x + \frac{1}{2}\int_{0}^{2} k \mathrm{d}x = k,$$

$$b_n = \frac{1}{2}\int_{0}^{2} k\sin\frac{n\pi x}{2} \mathrm{d}x = \left[-\frac{k}{n\pi}\cos\frac{n\pi x}{2}\right]_{0}^{2} = \frac{k}{n\pi}(1-\cos n\pi) = \begin{cases} \dfrac{2k}{n\pi} & n=1,3,5,\cdots \\ 0 & n=2,4,6,\cdots \end{cases},$$

于是

$$f(x) = \frac{k}{2} + \frac{2k}{\pi}\left(\sin\frac{\pi x}{2} + \frac{1}{3}\sin\frac{3\pi x}{2} + \frac{1}{5}\sin\frac{5\pi x}{2} + \cdots\right) \quad (-\infty < x < +\infty, x \neq 0, \pm 2, \pm 4, \cdots),$$

在 $x = 0, \pm 2, \pm 4, \cdots$ 时，该级数收敛于 $\dfrac{k}{2}$.

本章习题

1. 填空题

（1）设 $1 = \sum\limits_{n=0}^{\infty} a_n \cos nx$，$x \in [-\pi, \pi]$，则 $a_2 =$ _____.

（2）若级数 $\sum\limits_{n=1}^{\infty} u_n$ 绝对收敛，则级数 $\sum\limits_{n=1}^{\infty} u_n$ 必定_____；若级数 $\sum\limits_{n=1}^{\infty} u_n$ 条件收敛，则级数 $\sum\limits_{n=1}^{\infty} |u_n|$ 必定_____.

（3）设幂级数 $\sum\limits_{n=1}^{\infty} a_n (x-1)^n$ 在 $x = 0$ 收敛，在 $x = 2$ 发散，则该幂级数的收敛域为_____.

2. 选择题

（1）设常数 $k > 0$，则级数 $\sum\limits_{n=1}^{\infty} (-1)^n \dfrac{k+n}{n^2}$（　　）.

　　A. 发散　　　　　　　　　　　B. 绝对收敛

　　C. 条件收敛　　　　　　　　　D. 敛散性与 k 取值有关

（2）设级数 $\sum\limits_{n=1}^{\infty} u_n$ 收敛，则必收敛的级数为（　　）.

　　A. $\sum\limits_{n=1}^{\infty} (-1)^n \dfrac{u_n}{n}$　　B. $\sum\limits_{n=1}^{\infty} u_n^2$　　C. $\sum\limits_{n=1}^{\infty} (u_{2n-1} - u_{2n})$　　D. $\sum\limits_{n=1}^{\infty} (u_n + u_{n+1})$

（3）设 $a > 0$，且 $\sum\limits_{n=1}^{\infty} a_n$ 收敛，$\lambda \in \left(0, \dfrac{\pi}{2}\right)$，则级数 $\sum\limits_{n=1}^{\infty} (-1)^n \left(n\sin\dfrac{\lambda}{n+1}\right) a_{2n+1}$（　　）.

　　A. 绝对收敛　　B. 条件收敛　　C. 发散　　D. 敛散性与 λ 有关

（4）若 $\sum\limits_{n=1}^{\infty} a_n (x-1)^n$ 在 $x = -1$ 处收敛，则此级数在 $x = 2$ 处（　　）.

　　A. 绝对收敛　　B. 条件收敛　　C. 发散　　D. 敛散性不能确定

(5) 已知 $\sum_{n=1}^{\infty}(-1)^{n-1}a_n=2$，$\sum_{n=1}^{\infty}a_{2n-1}=5$，则 $\sum_{n=1}^{\infty}a_n=$（　　）.

  A. 3   B. 7   C. 8   D. 9

(6) 设 $\sum_{n=1}^{\infty}u_n$ 为正项级数，下列结论正确的是（　　）.

  A. 若 $\lim_{n\to\infty}nu_n=0$，则 $\sum_{n=1}^{\infty}u_n$ 收敛   B. 若 $\lim_{n\to\infty}nu_n=\lambda\neq 0$，则 $\sum_{n=1}^{\infty}u_n$ 发散

  C. 若 $\sum_{n=1}^{\infty}u_n$ 收敛，则 $\lim_{n\to\infty}n^2u_n=0$ D. 若 $\sum_{n=1}^{\infty}u_n$ 发散，则 $\lim_{n\to\infty}nu_n=\lambda\neq 0$

3. 解答题

1）判定下列级数的敛散性.

(1) $\sum_{n=1}^{\infty}\left(1-\cos\frac{\sqrt{\pi}}{n}\right)$；   (2) $\sum_{n=1}^{\infty}(-1)^n\frac{1}{n-\ln n}$；   (3) $\sum_{n=1}^{\infty}\left(\frac{\sin na}{n^2}-\frac{1}{\sqrt{n}}\right)$.

2）设 $\sum_{n=1}^{\infty}a_nx^n$ 的收敛半径为 3，求幂级数 $\sum_{n=1}^{\infty}na_n(x-1)^{n+1}$ 的收敛区间.

3）求级数 $\sum_{n=2}^{\infty}\frac{1}{(n^2-1)2^n}$ 的和.

4）将下列函数展开成 x 的幂级数.

(1) $f(x)=\dfrac{3x}{2+x^2}$；(2) $f(x)=\ln(1-x-2x^2)$；(3) $f(x)=\dfrac{1}{4}\ln\dfrac{1+x}{1-x}+\dfrac{1}{2}\arctan x-x$.

5）将 $f(x)=\sin x$ 展成 $\left(x-\dfrac{\pi}{4}\right)$ 的幂级数.

6）设 $f(x)=\begin{cases}x & -\pi\leqslant x\leqslant 0\\ 0 & 0<x<\pi\end{cases}$.

(1) 将 $f(x)$ 展开成傅里叶级数；(2) 求该傅里叶级数的和函数 $S(x)$ 及 $S(6)$；

(3) 求 $\sum_{n=0}^{\infty}\dfrac{1}{(2n+1)^2}$ 的和.

参 考 文 献

[1] 同济大学数学系. 高等数学：下册. 7 版. 北京：高等教育出版社，2014.
[2] 张卓奎，王金金. 高等数学：下册. 3 版. 北京：北京邮电大学出版社，2017.
[3] 同济大学数学系. 高等数学习题全解指南. 北京：高等教育出版社，2014.
[4] 万永革. 地震学导论. 北京：科学出版社，2016.